Osprey Military New Vanguard
オスプレイ・ミリタリー・シリーズ

世界の戦車イラストレイテッド
34

V-1 飛行爆弾 1942-1952

[著]
スティーヴン・ザロガ
[カラー・イラスト]
ジム・ローリアー
[訳者]
手島 尚

V-1 Flying Bomb 1942-52
Hitler's infamous "doodlebug"

Text by
Steven J Zaloga

Colour Plates by
Jim Laurier

大日本絵画

目次 contents

3	前書き	INTRODUCTION
3	飛行爆弾の先祖たち	FLYING BOMB ANCESTORS
6	キルシュケルン・プログラム	THE KIRSCHKERN PROGRAM
34	Fi103ミサイルの改良型	IMPROVED Fi103 MISSILES
43	連合国によるV-1コピーの試み	FOREIGN COPIES OF THE V-1
47	参考文献	bibliography
25	カラー・イラスト	colour plates
49	カラー・イラスト　解説	

◎著者からのノート
著者はこのプロジェクトについて多くの方々からありがたいご協力をいただいた。アバディーン実験場所在のUS Army Ordnance Museum（米国陸軍兵器博物館。USAOM-APGと略記）のJack Atwater博士とAlan Killinger氏には、同博物館のFi103の実機調査についてご助力いただき、特に深くお礼を申し上げたい。National Air and Space Museum（国立航空宇宙博物館、米国）のDana Bell氏、Imperial War Museum（帝国戦争博物館、英国）のStephen Walton氏、Art LoderとT. Desautelsの両氏にもお礼を申し上げたい。

◎著者紹介
スティーヴン・ザロガ　Steven Zaloga
ユニオン・カレッジで歴史学学士号、コロンビア・ユニヴァーシティで同修士号を取得した。彼はTael Group Corp.の上級アナリストであり、ミサイル・テクノロジーと生産の現在の発展状況について同社が刊行している業界誌、World Missiles Briefingの編集長である。同時に、Institute for Defense AnalysesのStrategy, Forces, and Resources Divisionの部外スタッフでもある。軍事テクノロジーと軍事史の著作が多数ある。

ジム・ローリアー　Jim Laurier
ニュー・ハンプシャー州で出生。1978年にコネティカット州のパイアーズ美術学校を優等で卒業し、それ以降、フリーランスのイラストレーターとして活動を続け、さまざまな分野の作品の制作に当たっている。航空と戦闘車両の双方にわたり軍事をテーマに強い興味を持ち、American Fighter Aces Associationの特別会員、American Society of Aviation Artists, the New York Society of Illustratorsの会員である。

V-1 飛行爆弾 1942-1952
V-1 Flying Bomb 1942-52: Hitler's infamous "doodlebug"

INTRODUCTION
前書き

　V-1飛行爆弾は第二次大戦で最も広く使用された誘導ミサイルであり、世界で最初に成功した巡航ミサイルである。大戦中に並んで活躍した僚友、V-2弾道ミサイルと比べて著しく単純であり、製造が容易であり、戦闘状態の下で操作・運用する兵器としてはるかに実用的だった。これはロンドン、アントワープ、その他のヨーロッパの都市に対するテロ攻撃に使用され、一般市民の死傷者数万人にのぼる被害をあたえた。しかし、それ自体の技術的な弱点と連合軍側の強力な対抗策によって、期待されただけの攻撃効果をあげることができなかった。V-1のコピーは米国、ソ連、フランスで製造されたが、1950年代のミサイル技術の進歩によって急速に追い越されてしまった。

発射直後のV-1の姿。ドイツの宣伝写真である。フィーゼラーFi103巡航ミサイルは短い実戦活動の間にいくつもの呼称がつけられ、V-1はその内のひとつである。(USAOM-APG)

FLYING BOMB ANCESTORS
飛行爆弾の先祖たち

　小型の飛行機を無人飛行爆弾に改造するというアイデアは、軍事航空活動の歴史とほぼ同じぐらいに昔からあった。1915年に米国のジャイロスコープ製造企業、スペリー社が、ジャイロスコープを使って小型機を誘導する「空中魚雷」を実験した。英国もそれに続いて、1927年に駆逐艦ストロングホールドからラーリンクス飛行爆弾をテスト発射した。これらはいずれも実用的ではないと判断されたが、米国海軍はほとんど知られることなく、プロペラ駆動式の飛行爆弾の開発を第二次大戦期に入っても続けていた。

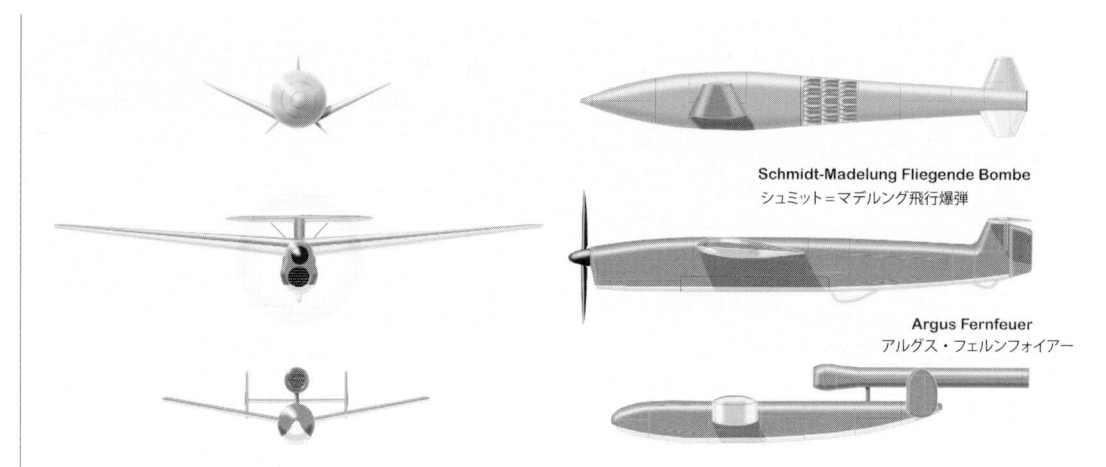

Schmidt-Madelung Fliegende Bombe
シュミット＝マデルング飛行爆弾

Argus Fernfeuer
アルグス・フェルンフォイアー

Fieseler P 35 Erfurt
フィーゼラー P35 エルフルト

V-1のご先祖たち。（Author）

　ドイツの飛行爆弾の最も重要な革新(イノベーション)はジェットエンジンを使用したことである。パウル・シュミットは初期のパルス＝ジェットエンジンのパイオニアであり、この単純で低コストの動力はミサイルにとって理想的だとすぐに理解した。1935年に彼は、マデルング教授との協同によるデザインをドイツ空軍当局に提案した。彼の飛行爆弾のデザイン——胴体の中部に空気取入口を配置する斬新な方式も含まれていた——は当時の技術レベルより先に進んでいた。しかし、空軍当局は、「技術的に疑問があり、戦術的な観点から必要ではない」と述べ、このプロジェクトを却下してしまった。

　これらの企画とはまったく別に、ベルリンのアルグス発動機製造会社のフリッツ・ゴスラウ博士がFZG-43（Flakzielgerät-43＝対空射撃標的43）を開発した。これはドイツ空軍の対空砲部隊の射撃訓練の標的として使用する遠隔操作模型飛行機である。1939年10月、アルグス社はもっと野心的な企画を提案した。これはさらに大型の無線操縦機——「長距離攻撃兵器(フェルンフォイアー)」と命名された——の計画である。この無人機は爆弾1トンを搭載し、同じ型の有人機から無線で操縦され、投弾後に基地に帰還するという計画だった。これはシュミットの設計案のような巡航ミサイルではなく、どちらかといえば現代のUCAV（uninhabited combat air vehicle＝無人戦闘用航空機）の祖先に当たる。ドイツ空軍はこのアイデアに興味を示し、アルグス社は誘導装置製造のロレンツ社、航空機製造のアラド社など他の企業と協同して、このアイデアを具体化する作業を進めた。そして、1940～41年に「フェルンフォイアー」開発の契約を得ようと試みたが、空軍はそれに応じなかった。空軍は精密攻撃ミサイル、たとえば1943年に実用化されたヘンシェルHs293艦船攻撃ミサイルの開発については、いくつものプロジェクトに契約をあたえたが、地域爆撃を用途としたミサイルには力を傾けようとしなかった。

　1941年にはゴスラウとシュミットの計画が合流するように動き始めた。アルグス社の主な事業分野は航空機エンジンであり、シュミットとは別に1939年以来、パルス＝ジェットエンジンの設計を進めていた。パルス＝ジェットは早い時期から研究され、もっと遅い時期にスタートした——そして、全面的な成功に至った——ターボジェットとは明らかに異なったタイプのエンジンである。原初的なパルス＝ジェットエンジンの研究は早くも1908年に始められていたが、成熟状態に進んだのは1940年になってからである。パルス＝ジェットエンジンでは燃料が燃焼室に噴射され、そこで空気と混合されて点火され、発生したジェット排気が排気パイプを通って後方に排出される。理想的な条件の下では、燃

アルグス＝シュミット・パルス＝ジェットの心臓部は、エンジン前部に取りつけられていた多数の小翼の複雑なマトリックスと燃料噴射装置である。空気(1)と燃料(2)の混合気が、アセンブリー(4)に取りつけられたノズル(3)を通じて燃焼室に噴射される。バネ鋼製小翼を連ねたシャッター(6)は搬送パネル(5)に取りつけられており、空気はそれを通って燃焼室に入って点火・燃焼のサイクルが始まるが、シャッターは同時に排気がエンジンの前部に逆流するのを抑える機能を持っていた。(MHI)

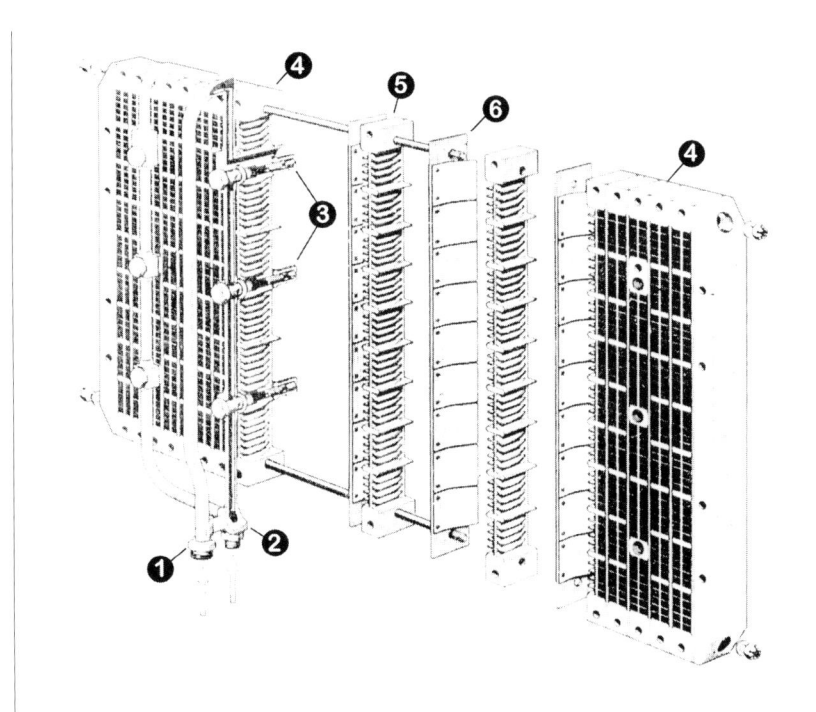

焼サイクルを自動的に継続させることができることが初期の研究で明らかにされた。燃焼室にもどってくる副次的な衝撃波を次のパルスの点火に使うことができるからである。しかし、実際には、ジェット・パルスがエンジン前部の空気取入口からも前方に噴出するのを抑えるために、実用上のテクニックが必要だった。

　1940年にドイツ空軍は実用的なデザインが開発されることを期待して、シュミットとアルグス社が協同するように勧めた。シュミットの新機軸(イノベーション)は単純だが効果的なシャッター・システムである。空気はこれを通って燃焼室に流入するが、燃料を噴射して点火する時には自動的に閉じられ、エネルギーは後方の排気チューブに流れるようにする仕組みである。この機構はアルグス社が研究していた方式より優れており、1940年の後期の彼らの次のデザインに組み込まれた。

　一方、アルグス社は霧状にした燃料を燃焼室に噴射する革新的な方法を開発し、これによって燃焼の全部の過程を安定的に繰り返すことができるようになった。そのため、アルグス＝シュミット協同によるデザインのエンジンはライバルとなるターボジェットよりはるかに単純でありコストは低く、単位重量当たりの出力はきわめて高かった。しかし、一方では、いくつか大きなマイナス面を背負っていた。燃料効率が低いことと、毎秒数十回発生する燃焼爆発に伴うエンジンの共鳴振動が機体に物理的な打撃をあたえることである。

　アルグス社は1941年1月、自動車に新型のパルス＝ジェットを搭載してテストを始め、4月30日にはゴータ145複葉練習機に装備して初の空中テストを行った。テストの結果は有望であり、空軍はもっと本格的な飛行機によって開発を進めるために予算をあたえた。ゴスラウはこのエンジンを飛行爆弾の動力に使うというアイデアに捉えられたが、アルグス社には機体設計の経験のあるデザイナーがいなかった。1942年2月27日、フィーゼラー社のエンジニア、ロベルト・ルッサーがアルグス社を訪問し、ゴスラウはアルグス社とフィーゼラー社が協同して飛行爆弾を開発しようと提案した。ゴスラウは単純な型の飛行機の両翼の下面にパルス＝ジェット1基ずつを装備したスケッチを描いて見せた。それに対して

ルッサーは異なったアイデア、垂直尾翼の上にパルス＝ジェット1基を装備した型のスケッチを描いて見せた。この短い時間の会議がV-1飛行爆弾の出発点となったのである。

THE KIRSCHKERN PROGRAM
キルシュケルン・プログラム

　ルッサーは1942年4月の末に準備的な設計を完了した。レーダーまたは無線による制御システムを装備することも考えられたが、連合軍がただちに電波妨害装置（ECM）を開発することは明らかなので、この考えはすぐに放棄された。その代わりに、ドイツ人たちはジャイロスコープに基づく慣性誘導システム——米国のスペリー社が1915年に初めてこの技術の開発を始めた——に目を向けた。彼が設計したP35「エルフルト」は500kgの弾頭を装備し、航続距離300km、時速700kmの性能を持つものと計画されていた。この提案が1942年6月5日に提出されると、空軍の対応は数年前とは変わっていて、エルフルトは積極的に取り組もうとする姿勢で迎えられた。空軍の中央上層部の地域爆撃（無差別爆撃）についての考え方は、ドイツの戦略的状況の悪化に伴って変化していた。RAF（英国空軍）は1942年3月、重爆撃機の大部隊によってドイツの都市に対してシステマティックな夜間爆撃を開始し、ヒットラーはイングランドに対する報復攻撃を命じた。しかし、ドイツ空軍はハインケルHe177開発の進行が遅れたため、報復攻撃に当てる重爆撃機部隊を持っていなかった。それに加えて、ドイツ陸軍は戦略的攻撃のための新兵器、A-4弾道ミサイル——後にプロパガンダのための呼称、「V-2」によって有名になった——の開発に大きな力を傾けていた。1940年に空軍は「英国本土航空戦（バトル・オブ・ブリテン）」に失敗したが、今度は我々が空軍に代わって戦略的攻撃に成功すると陸軍は主張し、A-4弾道ミサイルに対するヒットラーの支持を得ようと努めていた。この侮辱は我慢の限界を越えており、空軍の上層部は空軍の威信を維持するために、彼ら自身のミサイル開発を始めねばならないと決意したのである。このプロジェクトは1942年6月19日に承認され、空軍のミサイル関係の開発を統轄する「フルカン」（火山）プログラムに編入された。フィーゼラー社の側ではこの無人機の呼称をP35から標準的な型式名称、フィーゼラーFi103に変更した。空軍はこの開発プログラムに「キルシュケルン」（サクランボの種）というコード名をつけた。その後に空軍はこの無人機の正体を隠すためにFZG-76という型式番号をつけた。あまり危険がなさそうに見えるアルグスFZG-43対空射撃標的機を連想させる呼称である。（FZGは対空射撃標的機＝Flakzielgerätの略称）。

　アルグス社はそれまでに続いてパルス＝ジェットエンジン——正式の型式呼称、アルグスAS109-014があたえられた——を担当した。誘導システムはベルリンのアスカニア社が担当することになった。この企業はすでに空軍の他のミサイルの慣性誘導システム開発を担当していた。キルシュケルンはロケットを装備した橇に載せられ、前方

最初の動力作動状態での飛行テスト。1942年12月10日、バルト海上空でFw200コンドル四発爆撃機からFi103V7が投下されて実施された。初期の機体ではパルス＝ジェットエンジンの前の位置に奇妙な垂直の舵が取りつけられていることに注目されたい。（DAVA）

1943年1月13日、Fi103V6が地上発射された時の映画フィルムの一コマ。初期のラインメタル＝ボルジッヒ社製のカタパルトとロケット装備橇を組み合わせた発射装置が使用されている。初期のミサイルの垂直尾翼は生産型より長く、胴体の下に突き出ている。（DAVA）

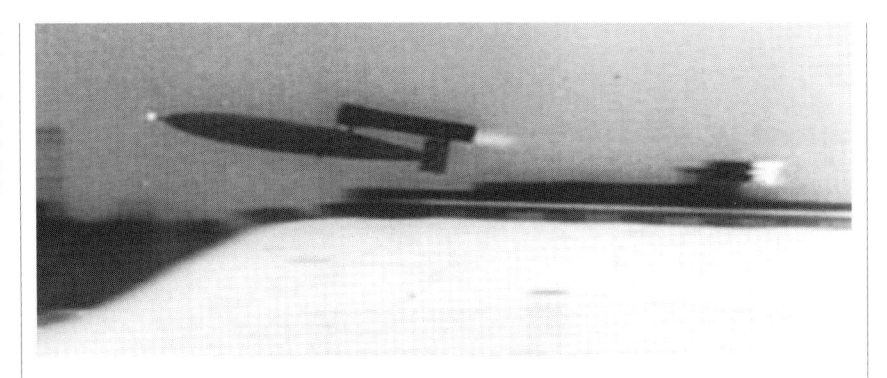

が高くなる傾斜発射台に取り付けられたレールの上をその橇が補助ロケット噴射によって滑走し、レールの端でミサイルが離昇する方式が採られた。その発射台の開発はラインメタル＝ボルジッヒ社が担当した。

　Fi103の最初の1機は1942年8月30日に完成した。元々のエルフルトの設計との相違点は数多く、2枚だった垂直尾翼・方向舵は1枚になっていた。アルグス社のパルス＝ジェットの改良型が1942年9月に完成し、飛行テストが開始された。高速飛行テストの失敗のためにプログラム全体が危うく中止に追い込まれかけた。しかし、異常なテスト結果の多くは風洞テストでパルス＝ジェットが示した特異な反応が原因となっていることが理解され、その後、だんだんに問題は解決されていった。

　エンジンの問題の解決が進んでいく一方、A-4／V-2弾道ミサイルのテスト場に近いペーネミュンデ＝ヴェストの空軍テスト施設で、キルシュケルンの最初の飛行テストが数回行われた。最初の動力なし飛行テストは1942年10月28日、Fw200コンドル爆撃機からの投下によって実施され、このミサイルはきわめて安定的に飛行し、設計が成功だったことを示した。最初の動力作動飛行は1942年12月10日、Fi103V7（V7はテスト用7号機の意味）によって行われた。

　ラインメタル＝ボルジッヒ社製カタパルトはペーネミュンデの発射場に設置された。射線はバルト海岸沿いに東に向けられていた。最初のカタパルト発射テストは1942年10月20日、コンクリート製の実験用弾体を使って実施され、次に主翼を外した胴体とエン

Fi103V17。初期のテスト用ミサイルではパルス＝ジェットエンジンは露出したままであり、前部は半円形のヨークによって胴体の上に支えられている。後になって、周囲の空気の流れをスムーズにするために、エンジン前部にカバーが取りつけられた。（DAVA）

ジンだけの機体がテスト発射された。その後、1942年12月24日にFi103V12によって、最初の動力作動状態での発射が行われた。このテストで飛行爆弾は1分間ほど飛んでバルト海に墜落したが、500km/hの速度に達した。これは設計上の計画速度よりはるかに低かったが、重要な一歩前進となった。このテストの結果によって全面的開発開始が承認されたのである。

　このプログラムは緊急性が高いので、機体、パルス＝ジェット、誘導装置、発射カタパルトのテストが各々併行して進められた。しかし、この方式のためにいくつも重大な問題が発生した。墜落、またはそれ以外の損傷が発生した時、どのサブ・システムが原因だったのかをはっきり把握できない場合が多かったのである。ラインメタル＝ボルジッヒ社設計の発射装置は性能が不十分だったために、1943年の早い時期に別の方式のカタパルト、「スプリット＝チューブ・カタパルト」がヘルムート・ヴァルター・ヴェルケ社（HWK）によって設計された。ヴァルター社のデザインの動力源はロケット燃料、T-シュトフ（過酸化水素）とZ-シュトフ（過マンガン酸ナトリウム）を燃焼させるガス発生装置である。機構は現代の航空母艦の蒸気カタパルトに類似していた。発射レール・ボックスの中のチューブに高圧ガスを送り込み、チューブの中のピストン──Fi103の胴体下部と連結されている──を高速で前方に推進するのである。

　テストでは墜落が多く発生し、プログラムの進行は遅れた。原因は主にパルス＝ジェットエンジンだった。エンジンの中では燃料点火が1秒間に47回行われ、そこで強大な轟音とバイブレーションが発生し、胴体と翼はバラバラになるかと思われるほどに激しく震動した。最も多く発生した問題はパルス＝ジェットの前部のシャッターの破損であり、破損が大きくなるとエンジンに流入する空気の流れが激しく乱れた。1943年7月終わりまでに84基のFi103が発射され、その内の16回は空中発射、68回は地上カタパルト発射だったが、カタパルト発射の中で成功したのは28回にすぎなかった。ミサイルが発射にまで至らない、またはカタパルトを離れた直後に横転に入り、数秒の内にバルト海に墜落したケースはだいたい三分の一に達した。この時期、全部の機能を持った誘導システムはミサイルに装備されておらず（まだ開発の途中だったため）、ヴァルター社のカタパ

このFi103V17に見られるように、初期のVシリーズの原型機は、生産型ミサイルよりやや細身のスタイルであり、細かい相違点がいくつもあった。機首に取りつけられたプローブには、発射後のミサイルを追跡するために使われる発炎筒が収納されていた。この原型17号は1943年3月11日に発射された。(DAVA)

不成功に終わったラインメタル＝ボルジッヒ発射台に代わって、ヴァルター社設計の発射台が採用された。これは1943年の秋に、その装置の原型のテストが行われている場面である。(NARA)

数機のFi103によって航空機から投下する発射テストが行われた。これはカールスハーゲン基地に配備されていたバンナイク実用テスト飛行隊のHe111と、その翼下面に搭載されたFi103V83である。このV83は1943年8月22日に空中発射され、予定コースから外れてボルンホルム島に墜落した。デンマークのレジスタンス組織はその残骸の写真を撮り、英軍の情報機関の手に渡し、それがこの新兵器の詳細を英国側が初めて見る機会となった。この時期にはエンジン前部、空気取入口のあたりはカバーで整形されているが、前部の支持架はカバーなしのヨークのままである。(NARA)

ルトの能力がまだ十分ではなかったので、実戦時の全備重量で発射されたミサイルは1基もなかった。しかし、やや希望を持てる結果も現れ、少なくとも1基のFi103が625km/hの速度と225kmの飛行距離を記録した。

アスカニア社が新しく開発した自動操縦誘導システムのテストは1943年の夏に始められた。方位制御には磁気コンパスが使用されていた。発射前に目標に向かう磁気方位がインプットされ、それに従ってミサイルの針路が維持された。2基1組のジャイロスコープによって機首の横揺れと縦揺れが、そしてバロメーターによって高度がモニターされた。ミサイルの機首に取りつけられた小さいプロペラはエア・ログ——プロペラの回転数に基づいてミサイルの飛行距離を積算していく装置——とリンクしていた。ミサイルの飛行方向はカタパルトの発射方向とだいたい同じだが、巡航高度と目標までの距離は発射前に自動操縦装置にセットされた。エア・ログに累積された飛行距離が予定された目標までの距離に達すると、2つの起爆装置が作動して方向舵と昇降舵がロックされ、ミサイルは機首を下げ、目標に向かって急降下に移る。生産型のミサイルの90パーセントは目標の周囲、直径10kmの円内に、50パーセントは直径6kmの円内に落下するとフィーゼラー社は自信を持って述べた。

ヒットラーの命令によって専門の高級将校による特別委員会が設置され、地域爆撃の兵器として空軍のFZG-76巡航ミサイルと陸軍のA-4弾道ミサイルのどちらが望ましい兵器であるかを検証していたが、5月26日の会議で結論を出した。この2つの兵器は相互に補い合うものであるので、両方を製造に進めるべきだという結論である。FZG-76は迎撃に対して脆弱だが、製造コストがはるかに低く、実施部隊での運用操作がシンプルであり、A-4弾道ミサイルは迎撃によって妨害されることはないが、製造コストはきわめて高く、運用操作は複雑であると判断されたのである。1943年の夏の後半に入った時には、キルシュケルンの開発はシリーズ生産の計画を立てる段階まで進んでいた。最初の計画によれば、1943年8月にシリーズ生産を開始し、1943年12月15日の実戦発射開始時には5000基が完成していることになっていた。

飛行爆弾の呼称
Flying Bomb Designations

フィーゼラー巡航ミサイルにはさまざまな混乱がつきまとっているが、名称やコード名がいくつも並んでいることもそのひとつである。前にも述べた通り、早い時期の呼称にはドイツの航空機全体にわたる型式番号システムに基づいた呼称、Fi103、正体を隠すために空軍がつけた呼称、FZG-76、キルシュケルンというコード名などがあった。1944年4月30日、ヒットラーはこの飛行爆弾の呼称をFZG-76キルシュケルンから「マイケーファー」(粉吹き黄金虫)に変えるように命じた。しかし、この名はすぐに消えてしまった。1944年6月23日のラジオ放送で、宣伝省がV-1(報復兵器1号)という呼称を使い始め、

7月4日にヒットラーがこれを正式呼称としたためである。この呼称は秋の末まで続いたが、1944年11月にヒットラーが再び呼称変更を命じ、「クラーエ」（烏）と呼ばれることになった。

FZG-76、実用化に進む
The FGZ-76 Enters Service

　1943年4月、マックス・ヴァハテル大佐が最初のミサイル部隊、ヴァハテル訓練・実用テスト特別任務部隊（レール・ウント・エルプロブンクス・コマンド）の指揮官に任命された。この部隊はペーネミュンデの南東14km、バルト海に面したツェンピンのテスト射撃場に配備され、そこには新たに訓練用のカタパルトが設置された。この部隊は後の実戦部隊、第155（W）対空砲連隊――FR555Wと略記――の母体となった。隊名の中のWはヴァハテルの名の頭文字だといわれることが多いが、それは誤りであり、「ヴェルファー」（Werfer＝発射装置）という単語の頭文字である。

　この時期、この新しいミサイルをどのように配備するべきかについて、まだ合意は出来上がっていなかった。空軍の対空砲部隊司令官、ヴァルター・フォン・アクステルム中将は多数の小規模な野外陣地――容易にカモフラージュすることができる――に配備するべきだと考えていた。航空省装備局長を兼務し空軍の兵器生産計画全体を指揮していたエアハルト・ミルヒ元帥は耐爆撃構造の大型ブンカーをいくつか建設して、そこにミサイルを配備する方式を計画し、ブレスト軍港のUボートの掩体ドックが計画通りに連合軍の爆撃に耐えていることを見たヒットラーも、この方式を支持した。1943年6月18日、ヘルマン・ゲーリング空軍最高司令官はこの問題を解決するために、ミルヒとアクステルムを呼んで協議した。その席でゲーリングは妥協案を提示した。大型のミサイル・ブンカーを4カ所で建設し、同時に96カ所の野外陣地を設営するという計画である。そして、爆撃機からFZG-76を空中発射する方式も付け加えられた。生産の面では8月に月産100基の製造を開始し、1944年5月までに月産5000基に拡大することとされた。ゲーリングは月産5万基までの拡大を望んだが、冷静な当局者は誰も彼の考えに真面目に取り組もうとはしなかった。ヒットラーは1943年6月28日にこの計画を承認し、キルシュケルン生産プログラムは前に進み始めた。

　しかし、実際には、Fi103の製造開始は数カ月遅れた。初期生産はファレルスレーベンのフォルクスワーゲン社工場とカッセル＝ベッテンハウゼンのフィーゼラー社工場で、1943年8月に開始されるようにスケジュールが立てられていた。軍需生産相、アルベルト・シュペーアは陸軍のA-4ミサイル計画を重視する姿勢を取り続け、空軍が戦闘機生産を最優先させると決定したことはFZG-76プログラムにマイナスの影響を及ぼした。FZG-76は爆撃機の代替として開発されていると見られていたためである。しかし、FZG-76の開発はまだ十分に進んでいなかったので、ある面ではこの生産開始の遅れはありがたいことでもあった。1943年8月末までの期間に成功したテスト発射は全体の60パーセントにすぎなかった。初期に製造されたFZG-76は3つのカテゴリー――Vシリーズ（テスト用原型機）、Mシリーズ（先行生産型機）、Gシリーズ（シリーズ生産型機）――に分類さ

Mシリーズ、先行生産型の1基。Fi103M23。1943年の秋にテスト発射された。（NARA）

れていた。Vシリーズは200基製造が計画されていたが、実際に完成されたのは120基だけであり、1943年の夏の終わりまでにほぼ全部発射されていた。1943年9月までに空軍に納入されたMシリーズのミサイルは38基にすぎず、10月26日になってやっと、ヴァハテルの連隊で最初の訓練発射が行われた。誘導システムの開発はまだ十分ではなかった。1943年12月、英国の情報機関はバルト海沿岸のレーダー基地が発信したミサイル追跡報告の電報を解読した。それによって、誘導システムはまだ大きな問題を抱えていることが明らかになり、ドイツ側が計画通りに1943年12月にロンドンを目標としてFZG-76発射を開始した場合に、途中墜落の可能性が高く、英国側の防御対策を考慮に加えなくても、ロンドンに到達するのは発射された6基の内の1基以下であると判断された。

　10月22日、RAFはフィーゼラー社工場を爆撃し、Fi103生産ラインを一時停止させた。設計の変更と修正は限りなく続き、生産は遅延し続けた。Mシリーズのミサイルは、新しい誘導システムに欠陥があったために、発射後に横転して背面姿勢に陥る失敗が多数発生した。Gシリーズの、生産型のミサイルにはもっと酷い欠陥が現れた。調査の結果、問題は先行生産からシリーズ生産への移行の際に、製造工程の時間を短縮するために、リベット打ちからスポット溶接に切り換えたことだと判明した。新しい軽量の型押し鋼板の主翼リブの強度が不十分であることも判明し、その結果、最初のバッチ、1400基の機体はスプラップにせねばならなくなった。11月の末、問題が解決されるのを待つために、製造作業が停止された。工程の欠陥が解消され、本格的に生産が再開されたのは1944年3月だった。USAAF（米国陸軍航空軍）の重爆が6月20日にファレルスレーベンの工場を爆撃したが、FZG-76の生産ラインに損害はなく、7月にはノルトハウゼンの近郊にある悪名高いミッテルヴェルク社の地下工場──爆撃に耐える構造だった──で、FZG-76の製造が開始された。

Fi103シリーズ生産

	1月	2月	3月	4月	5月	6月	合計
1944	—	76	400	1700	2500	2000	6676
1945	2000	2482	2027	—	—	—	6509

	7月	8月	9月	10月	11月	12月	合計
1944	3000	2771	3419	3387	1895	2600	17072
1945	—	—	—	—	—	—	

総合計 30257

　通常の飛行機とは異なって、FZG-76は工場で完全に組み立てられることはなかった。この飛行爆弾は主要な部分──胴体、エンジン、主翼、弾頭、その他の組立部材──がそのまま空軍の弾薬デポに納入された。4カ所のデポがFZG-76プログラムに当てられ、その内で最も重要なのはメクレンベルクのプルファーホフとダンネンベルクに近いカールヴィッツだった。これらのデポで胴体、エンジン、弾頭は一体に組み立てられ、その状態でTW-76トロリーに載せられた胴体の周囲には、主翼など他の部材が輸送のためにコンパクトに取りまとめられて取りつけられた。ミサイルはそこからフランス内の前線補給基地に送り出されたのだが、この状態になっているので輸送は容易だった。前線補給基地でオートパイロットやコンパスなど高精度の装置類が装備された後、FZG-76は発射基地に配備され、発射陣地での作業によって主翼が取りつけられた完全な状態に仕上げられたのである。

　1944年3月、本格的な大量生産の段階に進んだ時、ミサイル製造の所要時間は350時間にまで短縮されていた。その内、複雑なオートパイロットの製造所要時間は120時

間だった。製造単価は5060マルクで、これはV-2弾道ミサイルのコストの4パーセント、双発爆撃機のコストの2パーセントにすぎなかった。

　空軍は改良の効果を確認するために、1944年4月14〜17日、ポーランドのブリズナに近いハイデラガー試射場でFi103ミサイル30基の野戦状況下のテスト発射を実施した。9基は発射直後に墜落したが、残りの21基はすべて目標地点から30km以内に到達し、その内の10基は10km以内に着弾した。以前と同様に問題が続いていたのは、飛行高度に対応して燃料噴射量を自動的に調整するための燃料圧レギュレーターだった。この問題を短期的に解決する見込みが立たなかったため、1944年5月にレギュレーターは単純な機構に変更され、巡航高度は計画されていた2800mから1400mに下げねばならなくなった。そして、この高度を飛ぶFZG-76は、英軍と米軍の多くの対空砲部隊が広範囲に使用していた40mm機関砲のような軽対空砲によって、撃墜される可能性が高くなった。

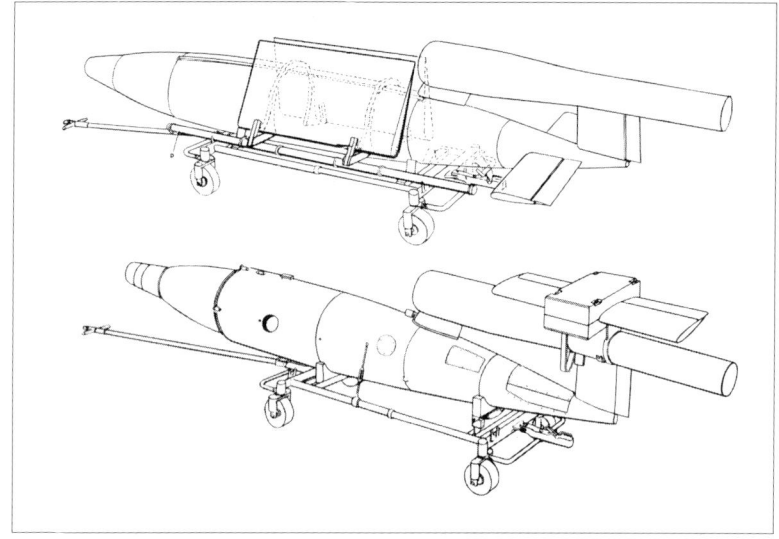

上に示したイラストはFGZ-76がTW-76トロリーに載せられ、製造工場から空軍の弾薬デポに納入される時の状態を示している。弾頭はまだ装着されておらず、水平尾翼ユニットはエンジンの背部、垂直尾翼の上のあたりの位置に固定されている。デポではトロリーに載せえた胴体に弾頭を装着し、胴体の側面に主翼と翼桁をコンパクトに固定して、この半完成状態のミサイルを前線補給デポに送り出した。上段のイラストはその時の状態を示している。（NARA）

フランスでの実戦配備
Combat Deployment in France

　開発と生産が計画より6カ月遅れ、それに伴ってフランス内でのミサイル発射陣地展開の計画も遅れて、作業は1943年8月になってやっとスタートした。その計画の最初の段階、「発射場システム1」ではディエップからカレーにかけての海峡沿岸地区に96カ所のA型発射陣地を設置することを予定していた。各々の陣地の施設はコンクリートの防護壁が左右の側面に配置された発射ランプ1基、ミサイル発射直前に磁気コンパスを調整するための非磁気性作業棟と発射ブンカー各1棟、ミサイル収納用の長い建物3棟、燃料とその他の必要品の貯蔵庫数棟である。これらの建物の配置位置は陣地ごとに異なっていて、垣根や並木など、各々の場所の地物を活用して、目立ちやすい建物をカモフラージュしようと努められていた。ミサイル発射陣地は通常、既存の道路の近くに設けられ、陣地には多数の輸送車両が出入りするので、スムーズなコンクリート舗装に造り変えられていた。陣地には農家やそれ以外の建物に近い場所が選ばれることが多かった。それらの建物は隊員の宿舎に使うこともでき、カモフラージュに利用することもできたからである。「発射場システム2」は一連の予備の発射陣地を設置する計画だった。1943年12月までに各発射中隊当たり1カ所の予備発射陣地を構築しておくことが計画されていた。「発射場システム3」はもっと野心的な計画であり、フランスのシェルブールからベルギー西部のフランドル地方までの幅広い弧状の地域に多数の発射陣地を構築し、新たに編成する4個大隊（V〜VIII大隊）の兵力をそこに配備するという構想だった。その内、ノルマンディの8カ所の建築作業は開始されたが、新しい大隊は編成されなかったので、これらの陣地はFR155Wの第IV大隊に割り当てられた。

　ヴァハテルのFR155Wには発射大隊4個が置かれ、各大隊には発射中隊3個と整備・

補給中隊1個が置かれていた。各発射中隊の下には発射小隊3個が置かれ、各発射小隊は発射ランプ2基を担当していた。したがって、各発射大隊の下には発射ランプ18基が置かれ、連隊全体の発射ランプの数は72基だった。各発射ランプに配備された人員は50名前後であり、連隊全体の人数は約6500名だった。この新兵器は技術的に複雑であるため、製造工場から数十名の民間技術者が派遣されてFR155Wの活動の支援に当たった。

第155（W）対空砲連隊の組織と指揮官

部隊	コード名	指揮官
FR155W	対空砲群「クレーユ」（地名）	マックス・ヴァハテル大佐
第I大隊	「ツィリンダー」（シルクハット）	ハンス・アウエ少佐
第II大隊	「ヴェールヴォルフ」（狼人間）	ルードルフ・ザック大尉
第III大隊	「ツヴァイバック」（ビスケット）	エーリヒ・ディトリヒ中佐
第IV大隊	「ツェヒーネ」（ヴェネツィア金貨）	ゲオルク・シンドラー大尉
通信大隊	「ヴァンダーレ」（ヴァンダル人）	ヘンリー・ノイベルト大尉

初めに生産を担当していた航空機会社の工場が爆撃された後、FZG-76の生産はノルトハウゼン近郊のミッテルヴェルク社の地下工場に移された。これは1945年4月に地下工場を占領した後、未完成のミサイルが並ぶ生産ラインを米軍の将校が見て廻っている場面である。（NARA）

FR155Wの4個大隊はツェンピンでの訓練を完了すると、ミサイル発射陣地準備の援助に当たるために、1943年10月下旬に順次フランスへ移動した。空軍のフィーゼラーFi103と陸軍のA-4弾道ミサイルとによるロンドン協同攻撃を調整するために、国防軍最高司令部は1943年12月1日に混成の組織、陸軍第65特別任務兵団を新設し、陸軍と空軍双方の将校を配置した。第65兵団の司令官には元陸軍砲兵学校校長、エーリヒ・ハイネマン中将、参謀長にはオイゲン・ヴァルター空軍大佐が任命された。この兵団の幕僚たちはミサイル発射施設を視察して、上層司令部の計画がお粗末であり、彼らの期待がまったく現実離れであることに兵団幕僚たちは驚いた。彼らは問題をまったく認識していないと思われた。上層部は、発射施設がまだ完成しておらず、訓練はまだ不十分であり、ミサイルがまだデポ配備できる状態ではないことを無視して、1944年1月にミサイルによるロンドン攻撃を開始すると主張していたのである。

「クロスボー」作戦
The Crossbow Campaign

1943年8月の末、バルト海の西部、ペーネミュンデの北東130kmの距離にあるデンマーク領（1940年4月からドイツの占領下にあった）のボルンホルム島に、FZG-76 1基が墜落した。レジスタンスに参加しているデンマーク人労働者たちは残骸の写真を撮り、密かに英国に送り届けた。英国の技術情報機関は無線傍受とそれ以外の証拠によってミサイルの存在を知っており、発射地点の発見に努めていた。1943年10月にはフランスのレジスタンスから、ノルマンディとパ・ド・カレー地方で一連の異様な建設工事が進められているという情報が、英国の情報部に伝えられた。すでに完成に近づいている施設のひとつは、アブヴィルに近いボワ・カレ（カレーの森）と呼ばれる樹林の多い地区にあり、

フランスからその施設について詳細な情報を受け取った後、10月の末にRAFがその地点の航空偵察写真を撮影した。その施設の目立った特徴は倉庫と見られる3棟の長い建物だった。RAFの写真判読員のひとりが、この建物は先端が反ったスキーの板を、側面を下に向けて置いた形に似ていると考えたので、このミサイル施設は「スキー場」または「ボワ・カレ」施設と呼ばれるようになった。発射台の構造物は不気味にロンドンの方角に向けられていた。11月にペーネミュンデで撮影した偵察写真には短い翼がついた小さい飛行機が写っていた。11月28日にツェンピン上空で撮影した写真には、フランスで撮影されたものに類似した発射台、その上に置かれたミサイルと、数棟の特徴的な建物とが写っていた。情報アナリストたちは各々の発射陣地のミサイル数は20基と推定し、ロンドンに向けて発射されるミサイルは一日当たり最大2000基の可能性もあると推測した。

その時期までには、ドイツのミサイルの実体を把握し発射陣地の位置を確認しようとする連合軍の活動には、「クロスボー」というコード名（ヘッディング）がつけられた。1943年の夏、欧州のドイツ軍占領地区から秘密のミサイル計画についての報告が次々に送られてきたので、それをすべて集めて調整する委員会がチャーチルの指示によって設置された。その機関のコード名が「クロスボー」だったためである。RAFの偵察写真判読員たちは新しい発射陣地を次々といくつも探し出した。陣地には標準的な建物が設置されていて、それが識別の手がかりとなった。当時、ミサイル部隊の幹部だったドイツ空軍将校が、陣地をカモフラージュしようとした努力はまったく馬鹿気たことだったと戦後に語っている。1943年の12月までには半分以上の発射陣地が完成し、翌年の1月の末までには連合軍は「発射場システム1」で計画された96カ所の陣地の位置をすべて確認していた。

広い地域に点々と配置された発射陣地の外に、4カ所の重発射基地、コード名「ヴァッサーヴェルク」（給水所）の建設が1943年9月に始まった。場所はパ・ド・カレー県のシラクールとロッタンガン、コタンタン半島のナルドゥーエとブレクールである。そこに各

TW-76トロリーに載せられたFi103。製造工場から空軍弾薬デポに輸送される際の状態。1945年にダンネンベルク附近の弾薬デポで撮影された。まだ弾頭は装着されておらず、前部には標準的なブルーのカバーが取りつけられている。これはデリケートなオート・ログ（プロペラの回転数に基づいてミサイルの飛行距離を積算していく装置）のプロペラを保護し、同時に弾頭（発射陣地で弾体に装着される）の起爆装置を収納している。（NARA）

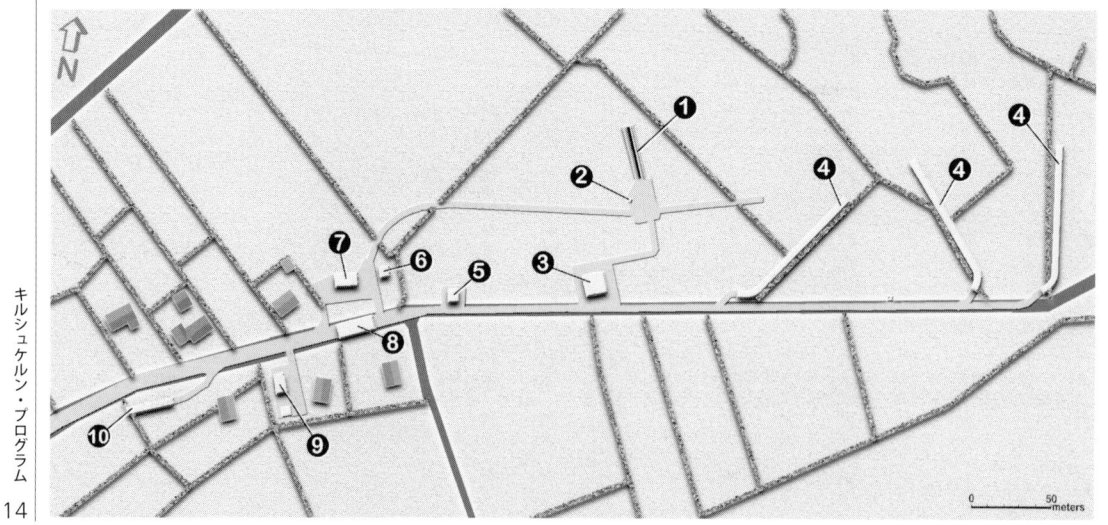

キルシュケルン・プログラム

最初の設計による発射陣地では、発射ランプの両側に肩の高さを越える防護壁が構築されていた。この写真はノルマンディのコタンタン半島に建設された8カ所の発射陣地のひとつであり、連合軍の「クロスボー」作戦航空攻撃による損害のために、実際の発射に使用されずに終わった。(NARA)

左頁下●これは典型的な「スキー場」、第13号発射陣地の施設配備地図である。この陣地はノルマンディ地方、アルダンヴァストに近いル・ロシェ周辺のシュマン・デュ・ムーラン・ア・ヴァン沿いの農場の外周に建設されていた。発射ランプ(1)と発射ブンカー(2)は誘導装置調整のための非磁気性建物(3)とほぼ一線に並んでいる。その東側にはV-1ミサイル貯蔵用の特徴的な「スキー型」建物(4)棟が配置されている。西側に配置された支援用建物は燃料ブンカー(5、7)、防護建物(6)、組立作業用建物(8)、ポンプ室(9)、準備用の建物、「ガレージ」(10)である。(Author)

右●地上で、目の高さで見た「スキー型」建物。この長い貯蔵ブンカーには輸送用のトロリーに載せたミサイルを20基収納することができた。ここに写っている陣地はコタンタン半島に建設されたもののひとつであり、1944年6月に米国陸軍の部隊に占領された。(NARA)

1棟建設される巨大なミサイル・ブンカーは長さ212m、幅36mであり、ミサイルを最大150基収納することができた。ブンカーの中央部からは真横の方向に発射ランプが長く延び、その先端はロンドンの方向に向けられるように設計されていた。4カ所の内、最初に建設が始められたシラクール附近のサン・ポルの「給水所」は作業開始のすぐ後に連合軍の偵察機によって発見された。重発射基地は複雑な構造であるため、完成は1944年8月になると計画されていた。これらの重発射基地を運用するためには1個連隊を新設することが必要とされ、計画されている10カ所の基地の一日当たりの最大発射量は480基、一週間当たり1680基の見込みだった。

　クロスボー目標（「ノーボール」というコード名も使用された）に対する連合軍の航空攻撃は1943年12月5日に開始された。この日、USAAF第9航空軍のマーチンB-26の部隊がリジェスクール周辺の3カ所の目標を攻撃したが、天候が悪く、爆撃の効果はほとんどなかった。このため、RAFは重爆撃機による攻撃が必要と判断し、1943年12月16/17日の夜にアブヴィル周辺の2カ所を目標として四発重爆30機ほどを出撃させ、爆撃機コマンドによる最初の爆撃を実施したが、やはり効果はなかった。耐爆性を持つ小目標に対する夜間の精密爆撃（モスキート嚮導機が投下したマーカーを照準点とする）は困難

だった。12月15日、統合参謀長会議（JCS）はUSAAFの重爆による昼間爆撃を開始することを決定し、天候が回復したクリスマス・イブに第8航空軍のB-17とB-24合計672機が、パ・ド・カレー地区の24カ所の目標に爆弾1472トンを投下した。年末までに52カ所の目標を爆撃し、9カ所に重大な損害をあたえたと判断された。実際には発射陣地7カ所が機能を失い、その内の3カ所は完全に壊滅していた。

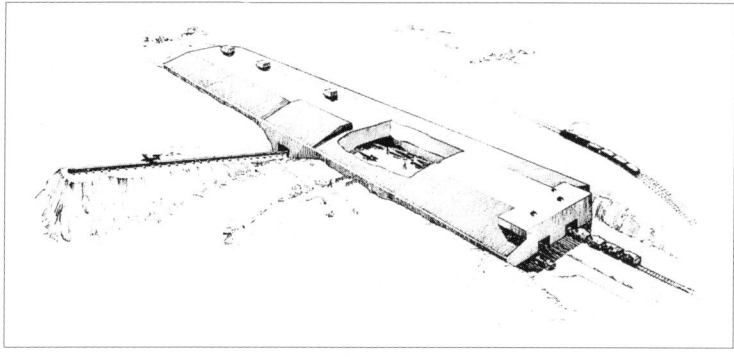

サン・ポルの「ヴァッサーヴェルク」大型ブンカー（サン・ポルの西5kmのシラクールに近い地点）が完成していたならば、このようだっただろうという想像図。大戦中のサンダース報告書のイラストを転載した。発射ランプはロンドンの方位に向かって延びるように設計されていたが、連合軍の激しい爆撃を受けて完成には至らなかった。（NARA）

　12月の航空攻撃は、それから長く続くクロスボー作戦目標に対する攻撃の始まりの段階だった。航空攻撃は、V-1の実戦発射開始の準備を進めるFR155Wにとって新たな大問題となった。連合軍の情け容赦のない爆撃は、「発射場システム1」を計画通りに粉砕していった。FR155Wの日誌によれば、1944年3月末の時点では破壊された発射陣地は9カ所、重大な損害を被った陣地は35カ所、中程度の損害を受けた陣地は29カ所だった。4月18日までには破壊18カ所、重大な損害48カ所、5月中旬には破壊24カ所、重大な損害58カ所と増大していった。巨大な防護ブンカーを中心とした重発射基地には特に激しい爆撃が反復実施された。シラクール発射基地は27回にわたって爆撃され、11トンのアフロディテ無人飛行爆弾1基と6トンのトールボーイ高深度爆弾数発を含む5070トンの爆弾が投下され、クロスボー作戦の中で最も激甚な攻撃を受けた目標となった。

　1943年8月から1944年8月の間に連合軍がクロスボー作戦に当てた爆撃機兵力は、重爆撃機の延べ出撃機数全体の14パーセント、中型爆撃機の15パーセントに及んだ。偵察機も1943年5月から1944年5月の間の延べ出撃機数全体の約40パーセントがクロスボー作戦に振り分けられた。下の表の数字はこの作戦の航空攻撃の規模を明らかに示している。ただし、これらの数字はV-1とV-2両方の発射施設に対する攻撃だけではなく、ペーネミュンデのテスト施設、生産工場、保管施設、燃料デポに対する攻撃の数字も含まれている。

クロスボー爆撃作戦　1943年8月～1945年3月

部隊	延べ出撃機数	投弾量（t）
USAAF第8航空軍	17211	30350
RAF爆撃機コマンド	19584	72141
USAAF戦術航空部隊（主に第9航空軍）	27491	18654
RAF戦闘機コマンド	4627	988
合計	68913	122133

　クロスボー作戦は爆撃機の兵力を大きく割き、それに伴う乗員と機材の損耗があり、連合軍の作戦行動には大きな負担となったが、作戦開始初期の航空攻撃はロンドンに対するミサイル攻撃を遅らせるために大きな効果をあげた。この攻撃が開始される前、1943年12月の初めにヴァハテルは、12月下旬に発射作戦開始の態勢に入るとの見込みを報告し、もっと懐疑的なハイネマン中将も1月中には発射開始可能になるかもしれないと考えた。しかし、実際には、爆撃によって発射陣地の建設は激しく妨害され、要員の訓練と配備はなかなか進まなかった。もし、ミサイル発射作戦が計画通りに1943年の末に開始さ

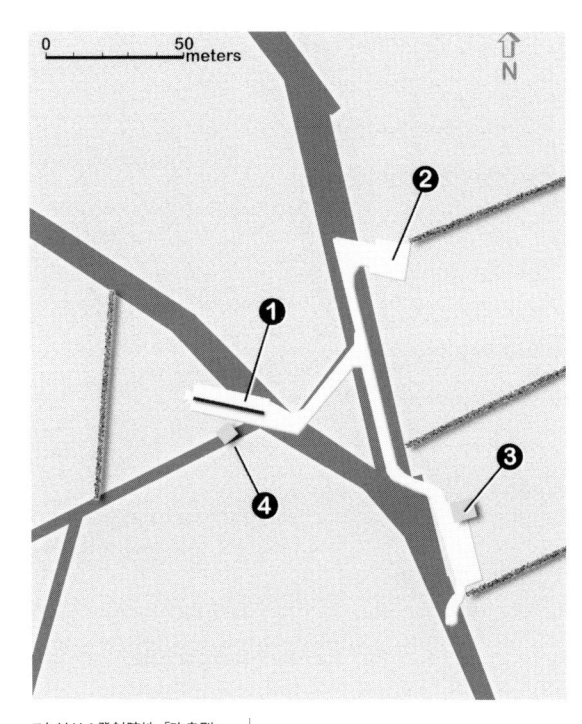

これはV-1発射陣地「改良型」の典型的な例。No.240陣地の配置図である。場所はブーローニュの東25kmほどの地区、主要道路D204からラ・メゾン・ド・ブリッケボスクへ入っていく道が分岐している地点である。D204はある程度の長さ、シャトー入口の道の分岐点の南までコンクリートで舗装されている。発射台（1）のパッドと誘導装置調整用建物（2）のパッドは同じ方位に向けて設けられている。発射管制ブンカー（4）は発射台の近くに建設され、V-1の最終組立作業用の「ガレージ」ブンカー（3）は道路からのアクセスがよい位置に置かれている。（Author）

れていたならば、Dデイ（1944年6月6日。ノルマンディ上陸作戦開始日）の作戦計画は大混乱に陥ったかもしれないと、後にアイゼンハワー元帥が回顧録の中で書いている。しかし、これはこのミサイルの用途についての彼の誤った理解を示している。ヒットラーも、それ以外の軍の首脳も、V-1はロンドンに対する報復攻撃のための兵器だという固定観念に捉えられており、欧州大陸上陸作戦の艦隊や船団に対する攻撃に向けようとするセンスは持っていなかった。クロスボー作戦は、1944年の夏に開始されたV-1攻撃のミサイルの量を低く抑える効果もあげた。工場に対する爆撃によってミサイルの生産量が減少し、爆撃による損害を埋めるために建設された新しい発射陣地は効率が悪く、発射率が初期の陣地より低下したためである。

1943年12月の末にハイネマン中将はFZG-76プログラムのさまざまな部門のリーダー全員を集めた会議を開き、どのようにしてこのプログラムを軌道にもどすかの方策を検討した。会議では、ミサイル生産とヴァルター発射装置製造が開始されるのは2月の下旬になるだろうとの結論が出された。このため、ハイネマンは判断を下し、次のような新しい方策を立てた。この時点までに建設が進行中の発射場システム1の多数の発射陣地と4カ所の重発射基地は、爆撃の目標として目立ちすぎるので、その後に開始されるミサイル攻撃作戦では実際に使用することができないだろう。これらの発射施設はそのままフランス人の作業チームによって建設を続け、爆撃による損害は適当に修理するが、それは新しく建設する一連の発射陣地から敵の目をそらすための方策である。新たな発射場システムの建設にはフランス人の建設業者を参加させず、ドイツ軍の工兵部隊が全面的に作業に当たり、建設地点周辺には厳重な機密保持の体制を敷く。連合軍の情報機関に探知されるのを防ぐために、陣地建設の規模は可能な限り小さくする。発射陣地のコンクリート構造物は発射カタパルトの基礎プラットフォーム、非磁気調整作業用建物のコンクリート床、ミサイル準備作業のための小さいガレージ、陣地内の道路の必要な部分の舗装のみとする。特徴的な「スキー」型の建物などの施設は設けない。同様に特徴がはっきり分かるミサイル本体と関連整備は、ミサイル発射作戦開始の6日前まで陣地周辺に移動させない。その時期までの保管のために特別なブンカーは建設せず、その地域の洞窟やトンネルに収納しておく。この方策によって計画された新しい発射陣地は単純化されていて、建設のために要する期間は8日間であり、「スキー場」型施設の8週間から大幅に短縮された。これらの新しいタイプの発射陣地は連合軍の情報機関によって「改良型」施設、または「ベルハメリン型」施設と呼ばれ、古い型よりも発見しにくくなっており、最初の1カ所が発見されたのは1944年4月26日になってからだった。12月の会議の後、ドイツ軍はA型（「スキー場」型）発射陣地を「旧型パターン陣地」、新しいタイプを「特別陣地」と呼ぶようになった。

ハイネマンは、ミサイル攻撃が開始された時、ロンドン上空での写真撮影は続けられなくなると予想し、ミサイルが目標地区に落下したかどうかを判断するために斬新な方法を編み出した。フィーゼラー社はFZG-76ミサイルの7パーセントに、落下地点まで追跡するための電波発射装置を取りつけたのである。聴音機と地震計を装備したSSの特殊観

測大隊も、その作業の補助に当たった。ハイネマンはミサイル攻撃作戦を1944年3月1日に開始するように予定したが、1944年の春の時期までに、クロスボー作戦は発射陣地の建設を遅延させる効果を十分にあげ、それに加えてDデイ上陸作戦準備のために、連合軍はフランスの鉄道ネットワークに対する航空攻撃を精力的に重ねたため、ミサイル作戦開始の準備はこの打撃も被った。

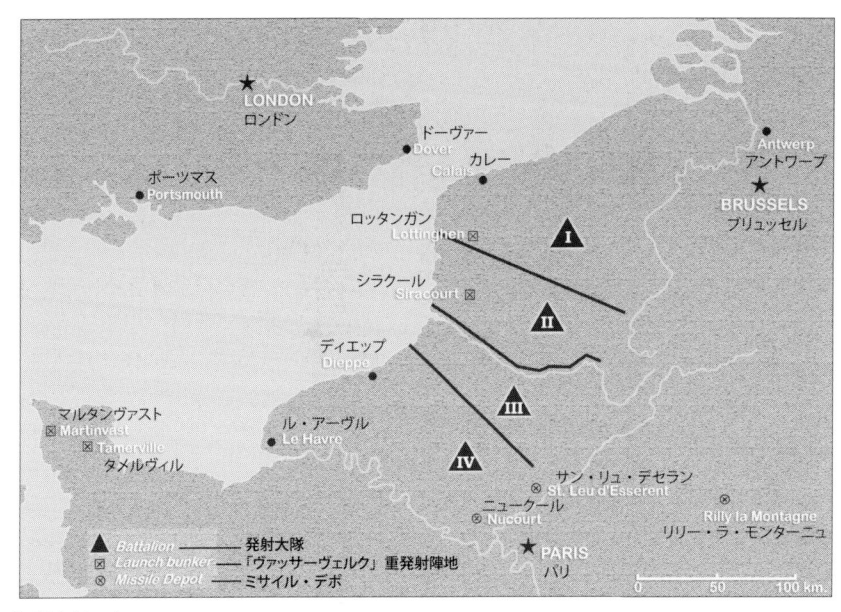

1944年6月、「アイスベーア」作戦開始時のFR155Wの4個発射大隊（第Ｉ〜Ⅳ）のフランス北部での配備状況。(Author)

　地上発射ミサイルのプログラムに加えて、ドイツ空軍は1944年の初めに空中発射ミサイルのプログラムを開始した。テスト・プログラムの中で飛行機が使用されたことはあったが、実戦での発射に飛行機を使用することは考えられていなかった。母機が発射地点を着実に確認することができる精密な航法システムがなかったためである。1943年11月にいくつもの航法システムのテストが始められ、1944年3月18日に候補となるいくつかの航法システム── エーゴン、Y-ゲレートとツィクロープ、ニッケバインが含まれていた──を検討する会議がレヒリンのテスト基地で開かれた。ミサイル空中発射の実際的な方法は、Fi103の誘導装置を事前にセットしておき、それを前もって定めておいた地点から予定されている方位に向けて発射すること以外にはなかった。もちろん、この方式の精度のレベルは地上発射よりはるかに低かった。1944年4月6日、いくつかの型の爆撃機による発射テストが開始され、ハインケルHe111が選ばれた。H型の古いサブタイプの機を改造して、右の翼の下面、エンジン・ナセルの内側の位置に発射装架を取りつけたHe111H-22に仕上げるプログラムが始められた。ミルヒ元帥はこのプログラムにあまり賛成ではなかったが、爆撃機からの発射には英国人を混乱させる効果がある程度期待できるだろうと考え、承認をあたえた。1944年5月の初め、Ⅲ./KG3（第3爆撃航空団第Ⅲ飛行隊）がミサイル空中発射の任務をあたえられ、訓練のためにカールスハーゲンに

ミサイル発射準備作業を進めるFR155Wの補給中隊。左側のミサイルはツブリンゲールヴァーゲン・トロリーに載せられている。この装填用トロリーが発射台後部に接合され、ミサイルは発射位置に移される。(NARA)

発射台に近い位置に移された後、円筒状の主翼桁と主翼が最終的にミサイルの胴体に装着される。弾頭の詳細から判断して、これはロンドン攻撃に使用された標準型、Fi103A-1である。(NARA)

移動した。

発射作戦開始の前に発射方式のアイデアの最後のひとつが検討された。車両に装置を搭載した機動発射システムを開発しようというFR155Wの現地部隊からの提案だったが、あまり進行せずに終わった。

「アイスベーア」作戦
Operation Eisbär

1944年5月16日、ヒットラーはロンドンに対するミサイル攻撃を6月の半ばに開始せよという命令を発した。ヒットラーは地上発射ミサイル1000基と、空中発射ミサイル、沿岸に配備された長距離砲、爆撃機を組み合わせた大規模な攻撃を想定していた。「ルンペルカマー」(がらくた置き場)という暗号によって作戦参加部隊は攻撃態勢を整え、その10日後、「アイスベーア」(ホッキョクグマ)という暗号によって攻撃を開始することになっていた。6月の初めの時点で、FR155Wのミサイル保有量は873基だった。連合軍のDデイ上陸作戦開始に対応して、フォン=ルントシュテット元帥の欧州西部最高司令部は6月6日(Dデイ)の遅い時刻に暗号「ルンペルカマー」を発信した。これは6月12日にミサイル攻撃を開始することを指示していた。FR155W連隊本部は、計画に合わせて準備を完了することはできないと報告してきた。ことに、6月8日に燃料輸送隊列がP-47の編隊の攻撃を受け、ミサイルの燃料27万リッターが失われた打撃が大きかった。その同日、連合軍の戦闘爆撃機の攻撃によって、ミサイルを発射基地に輸送中の列車の内の1本が大きな損害を被った。Dデイ上陸作戦が開始されたために、ノルマンディ地区の「スキー場」発射陣地の9カ所と新しい改良型発射陣地31カ所が、実戦発射することなく放棄された。セーヌ河の西岸の地区にも23カ所の発射陣地が新たに建設され、新編された2個大隊が配備されていたが、これらも実戦に使用されずに終わった。

6月12日、暗号「アイスベーア」が送られ、ハイネマン中将はアミアンの南西、サリューにあるFR155Wの戦闘指揮所に向かった。その日、夜に入って、指揮所の近くの鉄道操車場が強烈な爆撃を受け、発射陣地との有線通信網が全面的に破壊されたため、最初のミサイル発射は2300時に遅れた。各地の発射中隊からの報告によれば、発射陣地72カ所の内、63カ所は発射準備完了とされたが、最初の一斉発射で実際にカタパルトから射出されたミサイルは9基にすぎず、イングランドに到達したものは皆無だった。13日の0330時に予定された2回目の一斉発射は、それよりはある程度よい成績をあげた。ミサイル10基が発射され、その内の4基は射出の直後に陣地の周辺に墜落した。2基は海峡に墜落し、4基がイングランドに到達し、その内の1基は0418時にロンドンのベスナル・グリーン(キングズクロス駅の東4km)に落下した。空中発射任務のハインケル部隊は発射攻撃開始に参加するように計画されていたが、準備不十分であり参加できなかった。

チャーチルのアドバイザーのひとり、チャーウェル卿は「泰山鳴動して鼠一匹ですな」とコメントした。
　ハイネマンは発射停止と陣地全部のカモフラージュ強化を命じ、不調の原因を調査した。発射中隊の隊員たちの戦意は高かったが、発射準備の作業を早く進めようとするためのショートカットが多いことが明らかになった。6月15/16日の夜に実施された次回の一斉発射は、はるかによい成績を示した。55カ所の発射陣地から244基が発射され、45基は射出後、早期に墜落し、144基はイングランド沿岸に到達し、その内の73基はロンドンに落下した。7基が戦闘機により、25基が対空砲火によって撃墜された。第65兵団は自隊の判断により、連合軍の艦船の行動を混乱させるために、ポーツマスからサウザンプトンにかけての地域の港湾を狙ってミサイル53基を発射した。しかし、この港湾攻撃を報告した時、第65兵団は最高司令部から叱責された。ロンドンに攻撃を集中せよというヒットラーの命令に違反したというのが、その理由である。
　6月16日の朝、チャーチルは戦時内閣の会議を開き、「ダイヴァー」防空計画を発動させた。RAFの対空砲コマンドは1943年12月に「ダイヴァー」計画を策定したが、飛行爆弾が一向に英国上空に現れず、ノルマンディ戦線で対空砲が大量に必要になったため、対空砲ベルトの兵力を縮小した。それに代わって、いまや戦闘機が大きな任務を背負うことになった。6月22日には阻塞気球の規模も拡大され、480基から1400基に増大された。本土内の他の地区から対空砲を移動させ、6月28日までにはロンドンを「ドゥードルバグ」の群れの攻撃から防衛するために「ダイヴァー」防空ベルトには、重対空砲376門と軽対空砲576門が配置された。それに加えてRAF連隊（＊）の軽対空砲376門と米軍の2個大隊のレーダー照準対空砲も配備された。連合軍はFi103にさまざまなニックネームをつけた。公式な呼称、クロスボーとダイヴァーの外に、「ドゥードルバグ」（アリジゴク）、「バズ・ボム」（ブンブン爆弾）、「ヘルハウンド」（犬の姿の悪魔）などポピュラーな名がつけられたが、最も広く使われた呼称は「V-1」だった。
　＊訳注：RAF連隊は空軍の飛行場を防衛するための部隊組織。1941年に新設され、名称は連隊のままだったが、組織としては1942年2月に兵団となった。大戦中に対空砲、歩兵、装甲車の3つの兵種にわたって合計240個中隊、兵力は5万名に増大した。
　手短な検討の結果、高速度と20mm機関砲4門の強力な火力を持つテンペストが、V-1に対する昼間迎撃任務に最高の選択であるとRAFは結論を出した。V-1は15〜20分の飛行の後、パルス＝ジェットの前面のシャッターがだんだんに破損するために、速度がピークから低下し始めることが多く、パイロットたちはこの弱点を利用することができた。6月の末にドイツ側が試みたレーダー追跡の際も、V-1の速度は予想されていた数値より

発射の直前、発射小隊の隊員がミサイルのオートパイロット装置に最後の調整を加えている。（NARA）

発射台のカタパルトの作動動力源はダンプフェアツォイガー・トロリーに搭載されたガス・ジェネレーターである。このトロリーは兵員の手で押されて発射台後部の位置に据えられる。「キンダーヴァーゲン」（乳母車）というニックネームで呼ばれていたこのトロリーは、1943年9月にライプツィヒのマンスフェルト社が製造を始めた。各発射陣地には2台ずつ配備されていた。(T. Desautels)

80km/hも低かった。パイロットたちはすぐに、この小さい目標に対して射撃開始する時、接近しすぎないようにしなければならないと気づいた。20mm機関砲弾はV-1の1トンの弾頭を爆発させる可能性があり、接近しすぎていると戦闘機が危険に曝される恐れがあるからである。戦闘機が射撃によらないでV-1を撃墜する例も多かった。6月の末頃、パイロットたちは偶然にこの戦術に気づいた。V-1と横並びで至近距離を飛び、真横を航過する時に翼をバンクさせると、V-1は横転して背面姿勢に陥る。このように姿勢の急激な変化があると、V-1のジャイロスコープはこれに対応できず、ミサイルは地上に向かって墜落していった（自機の翼端を軽く接触させ、V-1の翼端を持ち上げる度胸のよい者もいた）。対V-1戦闘の最高エースは第501飛行中隊（スコードロン）のテンペストのパイロット、ジョーゼフ・ベリー少佐であり、60基を撃墜した（小社刊、オスプレイ軍用機シリーズVol.30『ホーカー・タイフーンとテンペストのエース』を参照されたい）。戦闘機のタイプ別に見ると、663基を撃墜したテンペストが最高であり、486基を撃墜したモスキート夜間戦闘機が第2位だった。撃墜戦果トップと第2位の部隊は第3飛行中隊（257基撃墜）と第486飛行中隊（221基）であり、いずれもテンペストVを装備していた。

1944年7月の半ばまでに、FR155Wはミサイルを約4000基発射した。その内、ロンドン周辺の防空回廊まで到達したのは約3000基にすぎず、そこで1192基が撃墜された。戦闘機により924基、対空砲により261基、阻塞気球により55基とされている（原書ママ）。ミサイルがロンドンにどれほど大きな恐怖を振りまいたか、新聞報道によって知ったヒットラーは興奮し、ミサイル攻撃を拡大するように空軍に命じた。7月12日には追加の発射陣地の建設地点を決める調査が始められ、7月17日にはV-1ミサイル発射部隊を旅団の規模に拡大するためにFR255Wが新編された。

V-1攻撃はロンドンにパニックを巻き起こし、その夏には大量の市民が各自の考えによって首都から逃れ出た。その上に、政府の計画によって、36万人以上の女性、子供、老齢者が疎開した。市民に最も強い恐怖感をあたえたのは、ドゥードルバグの飛行の最終期の不気味な爆音の変化だった。パルス＝ジェットエンジンの爆音はきわめて高く、遠い距離からでも聞こえた。しかし、エア・ログに積算された飛行距離が計画された線に達し、自動的に昇降舵がロックされて急降下に入ると、通常はエンジンが停止した。唸り続けていたパルス＝ジェットの轟音は突然止まり、ドゥードルバグの降下中は不気味な無音の状態が続いた。これは燃料切れになったためだと広く信じられていたが、それが原因ではなかった。そして、エンジンは降下に入ると停止するように設計されていたのでもなかった。ドイツの技術者たちは、Fi103はエンジンの運転が続いたままで急降下していく

と考えていた。しかし、実際には、飛行中にパルス＝ジェットの激しい震動によってエンジン前部のシャッターの小板（ヴェイン）の強度がひどく低下しており、降下に入るとシャッターの大きなブロックが損壊し、エンジン内での燃焼が停止してしまうのが通常だった。これは彼らが予想していなかったことである。

チャーチルはミサイル発射陣地を制圧するために、爆撃を強化するように命じた。1944年6月の初め、改良型発射陣地に対する航空攻撃が強化されたが、これらの陣地はカムフラージュが容易であり、移動も素早かったので、効果をあげるのは難しかった。もっと攻撃効果をあげやすい目標は、パリの北方の古い石切り場に設けられた大きなミサイル保管施設——野戦弾薬デポ（フェルトムラデーク）——だった。ドイツ空軍は1カ所当たりミサイル1000基を貯蔵できるこの種のデポを、17カ所設置しようと計画したが、使用できる状態に進んだのは3カ所だけだった。サン・リュ・デセランに近いレーオポルト第1106、ヌークールに近いノルトポル第1111、リリー・ラ・モンターニュに近いリヒアルト第1116の3つのデポである。最初の2カ所は6月下旬にUSAAF第8航空軍が爆撃したが、レーオポルトの厚い地面の下の横穴は再度の攻撃が必要であり、7月4/5日の夜、RAF第5グループが巨大なトールボーイ爆弾数発を投下し、トンネルを破壊することができた。その後、新たな補給が前線に送られるようになるまでの数週間、V-1攻撃の量は低下した。

7月の初めには、飛来するFi103の三分の一がロンドン防空体制によって撃墜されるようになったが、それでもまだ十分ではなかった。防空体制にとって重要な課題は対空砲と戦闘機を適切な組み合わせで配備することだった。戦闘機が戦っている時、その地区の対空砲は射撃を停止せねばならないからである。防空体制の効率を高めるために、対空砲コマンドと戦闘機コマンドは協議し、配置変更と改良された装備の導入を決定した。対空砲部隊のかなりの部分が海岸線に移動することになった。海岸線では米国製の新型のSCR-584照準レーダーの前に障害物なしの広い視野が広がり、接近してくるミサイルを捕捉しやすくなった。移動は7月16〜17日に実施され、全長3200kmもの電話ケーブルが新たに架設され、数千トンもの火砲、弾薬、関係装備が輸送された。それに加えて米国陸軍は、通常の信管より5倍以上も効率が高い最高機密兵器、VT（variable-time＝時間可変）信管を、この地域で初めて実戦使用し始めた。VT信管は砲弾が目標に接近した時、弾体に組み込まれている小型レーダーがそれを捉えて信管を作動させる機構である（通常の対空砲弾信管は目標の高度を推測し、発射前に作動高度をあらかじめセットしておく機構であり、攻撃効率はVT信管より低い）。米

1基のFi103A-1が発射台上に置かれ、ガス・ジェネレーターを搭載したダンプフアツォイガー・トロリーも発射台後端の位置について、発射準備が完了している。主翼のすぐ後方に見えるアンラスゲレート起動装置は、発射直前にミサイルに高圧空気と電力を供給する。（NARA）

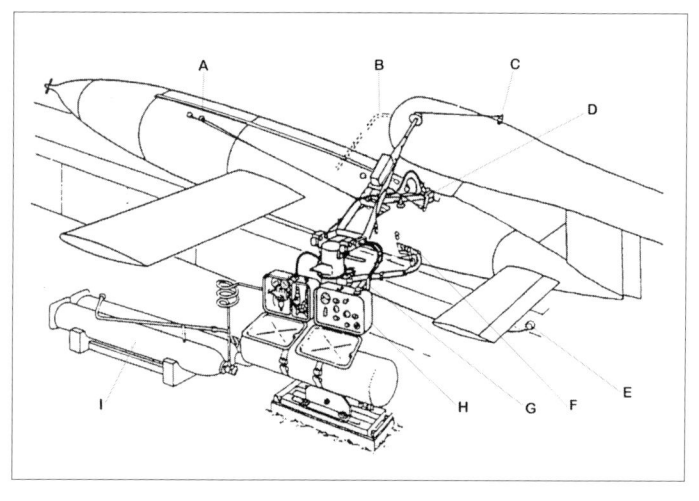

このイラストはFZG-26の技術マニュアルから転載したもので、アンラスゲレート起動装置がどのようにミサイルと連結されているかを示している。(A)は起爆装置と繋がっている電線、(B)はエンジン空気取入口に圧縮空気を送るパイプ、(C)はエンジンのスパーク・プラグに繋がっている電線、(D)はオートパイロット装置への電力供給線、(E)は発射台との接続電線、(F)は高圧空気供給パイプ、(G)は装置全体の制御機構、(H)は制御パネル、(I)は圧縮空気ボンベである。

フランス北部に放置されていたヴァルター社製のシュリッツロールシュロイダーWR2.3カタパルト。1944年8月下旬に撮影された。前部は折れて木立の中に倒れ込んでいるが、巨大なサイズの印象は十分に表れている。カタパルトは6〜8のブロックを結合して組み立てられ、全長は36〜48mである。(NARA)

国陸軍は初めの内、この地域でこの新兵器を使用することをためらっていた。これがドイツ軍の手に落ち、コピーされれば、ドイツ本土上空に進入する連合軍の重爆撃機が破滅に近い大打撃を被ることになると怖れたためである。VT信管の使用は劇的な効果をもたらした。7月の第3週には、ロンドン周辺に接近してくる飛行爆弾の半分を対空砲部隊が撃墜し、8月の末には83パーセントを撃墜するまでに効率を高めた。防空体制再編成の効果は明確に現れた。再編成以前にはドゥードルバグの40パーセントを撃墜していたが、再編成実施後には撃墜60パーセント近くに増大した。

8月3日はV-1攻撃のピークの日となった。316基が発射され、220基ほどがロンドン周辺に到達した。しかし、その後は、発射陣地に対する補給が低下し、発射地域がだんだんに連合軍の手に落ちたために、発射数は減少していった。FR155Wは6月12日に発射陣地72カ所によって攻撃を開始したが、連合軍の航空攻撃の圧力の下で夏の攻撃作戦期間の全体にわたって、可動状態の陣地は一日平均34カ所となった。8月の中旬、連合軍の地上部隊はセーヌ河を越え、発射地区を脅かし始めた。ハイネマン中将は余剰な機材と装備をすべて、アントワープとオランダ内の基地に移送するように命令した。8月9

アミアン附近に放置されていたヴァルターWR2.3発射カタパルト。1944年8月に発見された。ミサイルを取りつけた「シュパツィールシュトック」(散歩用ステッキ)台架——画図の下の方、中央に写っている——がカタパルトのレールに載せられる。カタパルトの内側の円筒チューブの中にピストンが組み込まれ、その上部のフックがミサイルと連結される。(NARA)

日には、FR155Wの部隊の内、最も南の地区に配備されていた第Ⅳ発射部隊が撤退を命じられ、その翌日にはその北隣りの第Ⅲ大隊も同様の命令を受けた。兵団司令部は8月18〜19日にフランスからベルギーのワーテルローに移動した。最も北側に配備されていた第Ⅰ大隊はミサイル発射を継続していたが、9月1日の0400時にフランスからの最後の1基を発射した。

　ミサイル攻撃のこの最初の段階の間に、FR155WはV-1ミサイルを8617基発射した。その内、1052基は射出の直後に墜落し、5913基が英国に到達したが、その内の3852基が防空体制によって撃墜された（対空砲部隊による撃墜は1651基）。そして、実際に目標地区に落下したのは約2300基、発射基数の27パーセントにすぎなかった。

ロンドンに向かって飛ぶV-1。1944年夏の攻撃作戦の際に撮影された。（NARA）

ミサイルの空中発射作戦
The Air-Launched Missile Campaign

　1944年6月にアイスベーア作戦が開始された時に、Ⅲ./KG3のHe111爆撃機からのFZG-76ミサイル発射も同時に開始することが計画されていたが、第Ⅲ飛行隊(グルッペ)の訓練と装備が遅れていたため、開始は延期された。7月9日になって、Ⅲ./KG3はオランダ内の数カ所の飛行場から出撃し、ロンドンに向けての発射を開始し、7月21日までにFZG-76の発射数は合計51基になった。9月2日の夕刻、パリを目標として23基を発射したが、効果はほとんどなかった。空中発射作戦の第一波は1944年9月5日で終了し、その間にⅢ./KG3はロンドンに対してミサイル300基、サウザンプトンに対して90基、グロスターに対して20基を発射し、損害はHe111　2機喪失だった。

　空中発射ミサイルの照準精度は目立って低かった。グロスターに落下したものは皆無であり、サウザンプトンに向かって発射されたミサイルは、南東へ25km離れたポーツマスを狙ったものがコースを外れたのだと英国の当局者が見ているようなありさまだった。空中発射されたミサイルのだいたい半数は目標地点を中心とした直径80kmの圏内に落下したが、この散開度は地上発射ミサイルの3倍に近かった。連合軍の地上部隊がベルギーへ急進撃し、オランダへの航空攻撃が激化したため、第Ⅲ飛行隊は9月に本土へ撤退した。本土で組織再編成と兵力拡充を実施した後、Ⅰ./KG53と改称された。それにすぐ続いて、KG53の第Ⅱ、第Ⅲ飛行隊がミサイル空中発射任務に当たるために復活された。この再編作業を終了した後、KG53の3個飛行隊は10月

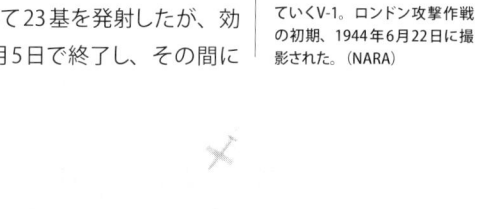

ピカデリーに向かって急降下していくV-1。ロンドン攻撃作戦の初期、1944年6月22日に撮影された。（NARA）

カラー・イラスト

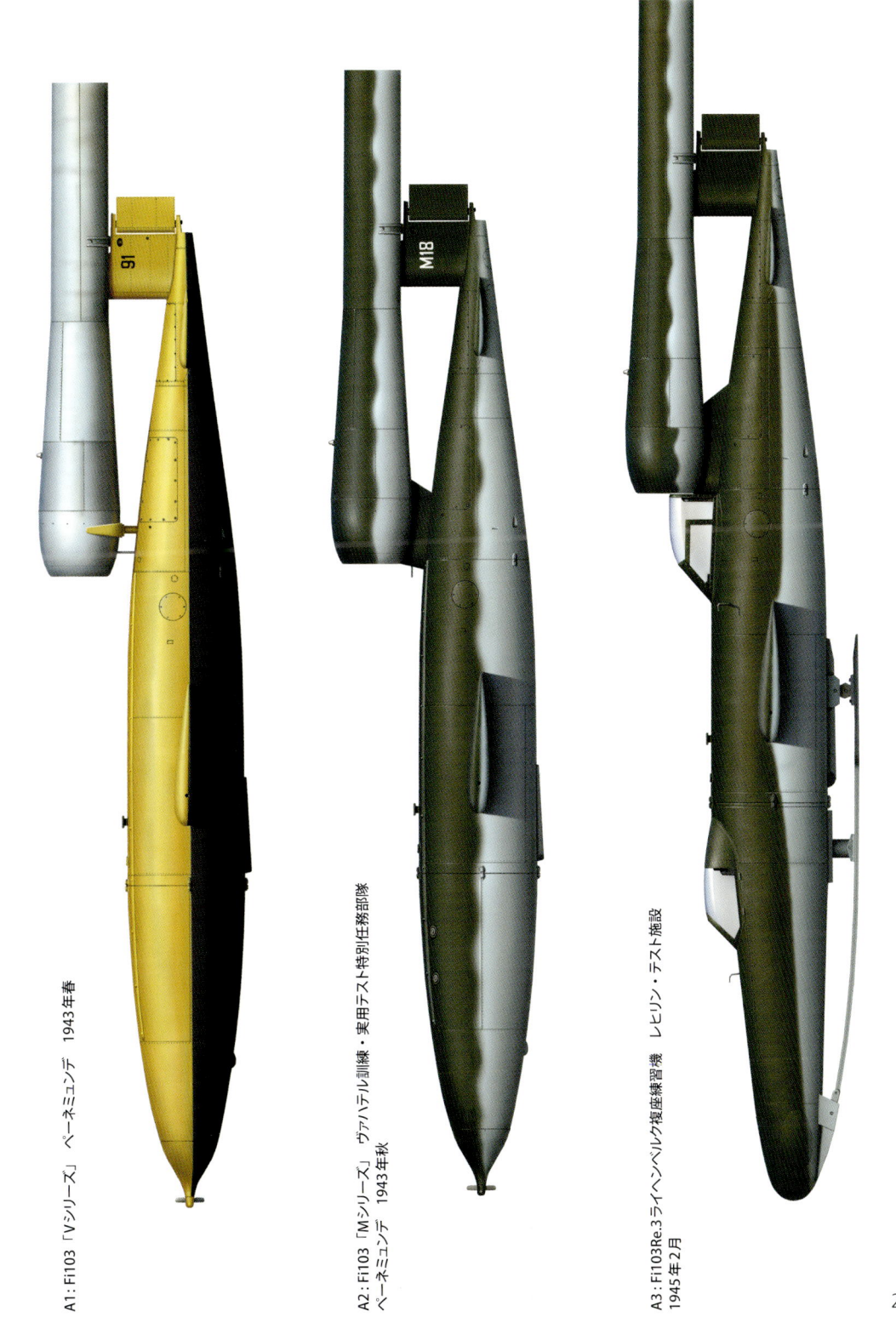

解説は49頁から

A1: Fi103「Vシリーズ」ペーネミュンデ 1943年春

A2: Fi103「Mシリーズ」ヴァハテル訓練・実用テスト特別任務部隊 ペーネミュンデ 1943年秋

A3: Fi103Re.3 ライヘンベルク複座練習機 レヒリン・テスト施設 1945年2月

A

B:「ダイヴァー」迎撃！ ロンドン 1944年8月

C：Fi103A-1　第155（W）対空砲連隊　1944年夏

図版D
Fi103A-1
第155（W）対空砲連隊　1944年

各部名称
1. エア・ログ駆動プロペラ
2. 磁気誘導コンパス
3. ベリー衝撃信管
4. 主弾頭雷管
5. 弾頭充填火薬
6. 発射レール滑走用強化支持架
7. 主翼翼桁
8. 型抜きメタル製主翼強化リブ
9. 前部圧縮空気ボトル
10. 後部圧縮空気ボトル
11. 燃料流量制御装置
12. 電池
13. 飛行制御装置
14. アスカニア・ジャイロ飛行制御ボックス
15. FuG23 電波発信装置
16. 舵面操作サーボ
17. FuG23 電波発信後尾アンテナ
18. 方向舵
19. パルス＝ジェット・エンジン後部支持架
20. アルグス As-109-014 パルス＝ジェットエンジン
21. エンジン・イグニション・スパークプラグ
22. ベンチュリ装置
23. エンジン・シャッター機構
24. エンジン前部支持架
25. ピトー管
26. 燃料タンク
27. 機体中央吊り上げ用ラグ
28. 燃料注入口キャップ
29. 後部Z80A信管ポケット
30. 前部Z80A信管ポケット

仕様
胴体全長：6.65m
機体全長：7.73m
胴体直径：0.825m
全幅：5.33m
発射重量：2200kg
燃料：610リッター・E1航空ガソリン（515kg）
弾頭：アマトール高爆発力火薬850kg・衝撃信管2基
誘導装置：アスカニア発射前調整オートパイロット、
　　　　　ジャイロ慣性プラットフォーム、磁気コンパス
エンジン：アルグス109-014 パルス＝ジェット
　　　　　（高度1000m、速度700km/hでの
　　　　　　最大推力310kg）
最大巡航速度：高度1375mにおいて670km/h
最大航続距離：200〜210km
発射率：発射装置1基当たりの発射回数は最大で
　　　　1日72回、1944年の平均は1日3回
命中精度：半数命中確実圏半径13km

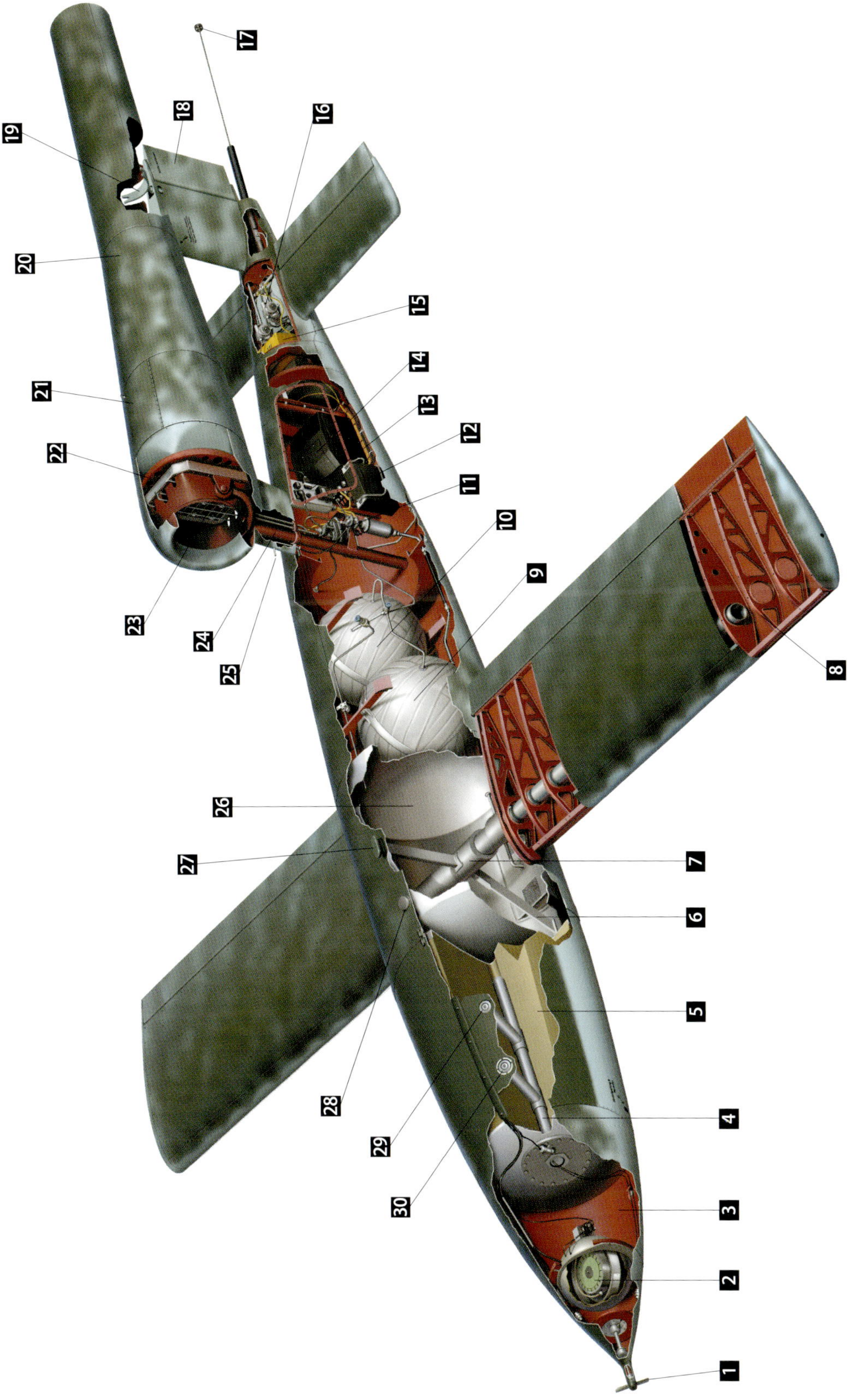
1
2
3
4
5
6
7
8
9
10
11
12
13
14
15
16
17
18
19
20
21
22
23
24
25
26
27
28
29
30

E: Fi103Re.4 ライヘンベルク　ドイツ
ダンネンベルク附近のカールヴィッツ弾薬デポ　1945年

F：北海上空での「ヘルハウンド」発射　1944年10月

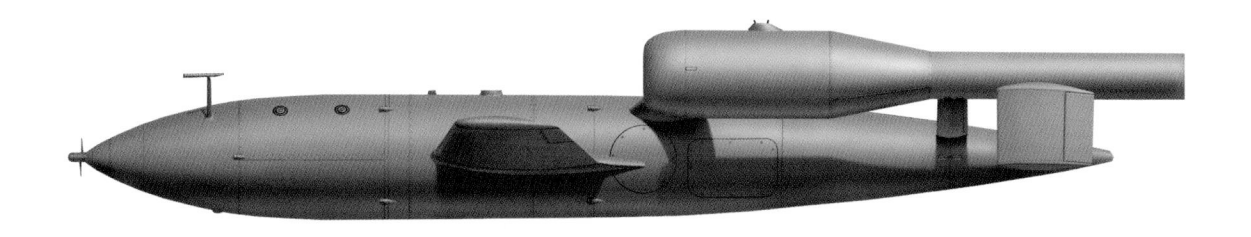

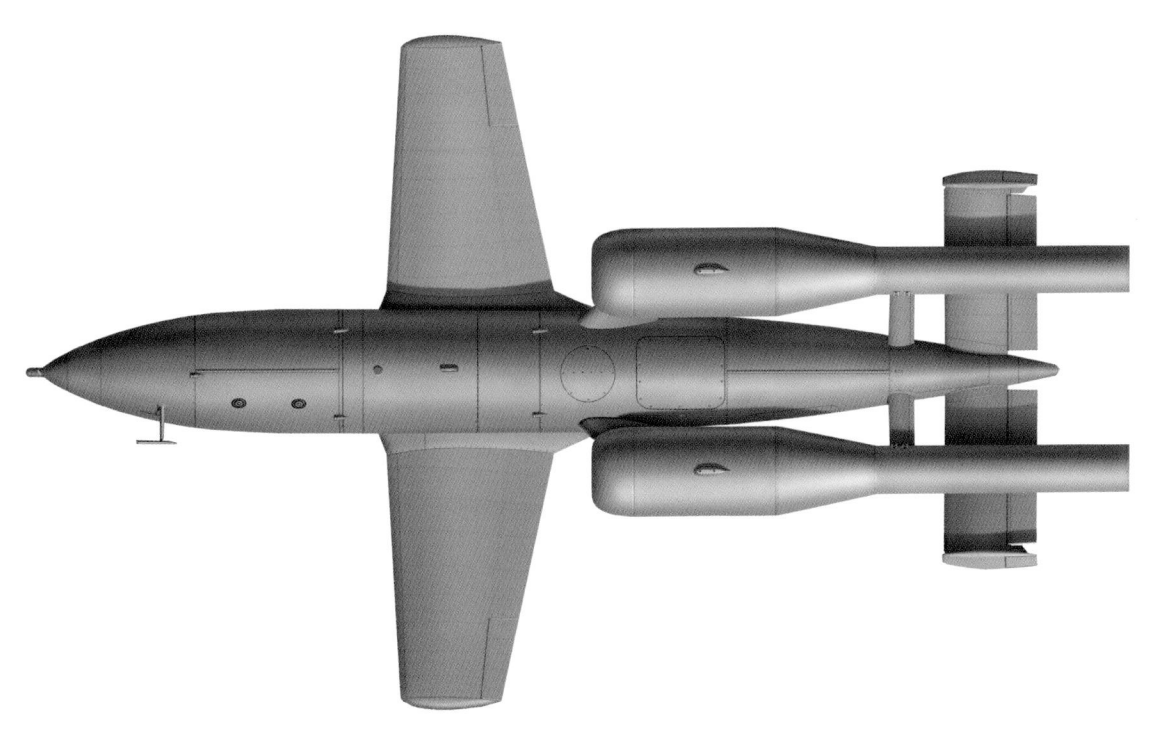

G: 16Kh プリボイ　ソヴィエト空軍　1951年

V-1は落下して地物に接触すると同時に作動する高感度信管を装備していた。この写真はV-1着弾の強烈なインパクトの結果を示している。ロンドン攻撃の最初の週、1944年6月17日、バターシー（ハイドパークの南4kmほどの地区）のセイント・ジョンズ・ヒルで撮影された。（MHI）

の内にオランダのいくつかの飛行場に進出した。

　初めの内、英軍の本土防空当局はミサイル空中発射が行われていることを認識していなかった。しかし、レーダー追跡によってミサイルが北海から進入してくることが明らかになり、この脅威に対抗するために9月16日に対空砲ベルトがグレート・ヤーマス（ロンドンの北東170kmの東海岸の都市）にまで延長され始めた。V-1空中発射作戦はドイツ空軍にとって困難であり、その上に損害が大きいものであることが明らかになった。その一例をあげると、9月16日の夕刻、15機のHe111が出撃したが、無事にミサイルを発射したのは9機のみだった。そのミサイルの内、3基は艦艇に撃墜され、2基が地上の対空砲に撃墜され、ロンドン周辺に到達したのは2基のみである。発射失敗は母機を離れたミサイルの四分の一から半分に及んだ。

　1944年9月1日にV-1のフランスからの地上発射が停止されると、空中発射は一段と目立つようになり、RAFはこの脅威を制圧するために精力的な活動を展開した。9月24日、第25飛行中隊は英国海岸に接近してくるミサイル発射母機を捕捉するために、モスキート夜間戦闘機のパトロールを開始した。25日の夜、ハインケルがモスキートの接近に気づかない内に次々に捕捉され、ミサイルを搭載したままの4機が撃墜され、9月29日には2機が撃墜された。ミサイルの重量と抵抗のためにHe111H-22の巡航速度は270km/hに低下しており、リヒテンシュタイン・レーダー波警報装置が装備されてはいたが、モスキートに発見されてしまえば、ハインケルには生き延びるチャンスはほとんどなかった。10月には母機3機がモスキートに撃墜された。

　ミサイル空中発射作戦は秋いっぱいにわたって続き、兵力は緩やかに増大しくいった。10月20日、KG53の兵力は可動状態の77機と修理中の24機だった。11月には海面に浮かべる「シュヴァン」（白鳥）FM電波発射装置、オランダ海岸の3カ所に設置された「ツィクロープ」（一つ目の巨人）ビーコンなど、航法援助装置や施設が導入された。11月の初旬までには1287基のFi103ミサイルが空中発射された。12月に入ると燃料不足のために出撃量は一日当たり20機程度に低下し、母機からの投下の際にミサイルが爆発する事故が2回の出撃で発生して母機12機が喪われたために、2週間にわたって出撃が停止された。クリスマスイブにKG53は50機を出撃させ、「マルタ」作戦――最初であり、唯一のマンチェスターに対する攻撃――を実施した。30基のFi103がイングランドの北海沿岸

完全に近い状態のV-1。フランス北部のUSAAF第9航空軍の基地の近くで発見された。弾頭部詳細から判断して、ロンドン攻撃に使用された標準型、Fi103A-1である。2基の信管は取り外されている。（NARA）

に到着し、その半分が市の中心から24km以内に落下したが、実際に市内に落下したのは1基のみだった。この時期にはKG53の兵力はピークに達し、可動状態のHe111は117機、修理中のもの85機となった。1945年1月14日の夜、最後の空中発射が行われ、その9日後には燃料欠乏のため飛行は全面的に停止された。KG53がこの状態に陥るまでミサイル1776基が空中発射され、連合軍がレーダーによって確認したのは1012基である。その内、404基が撃墜された。内訳は対空砲による320基、英国海軍による11基、RAFによる73基である。イングランドに着弾したのは388基のみであり、その内でロンドン内に着弾したのはわずか66基にすぎなかった。空中発射作戦でのHe111の損失は合計77機である。モスキートに撃墜されたものは少なくとも16機であり、それ以外は天候または事故によって喪われた。別の言い方をすれば、目標であるロンドンに着弾したミサイルは全発射基数の4パーセント以下であり、目標到達ミサイル1基あたり1機以上の母機が喪われたことになる。この作戦の効率は極めて低かった。

IMPROVED Fi103 MISSILES
Fi103ミサイルの改良型

　FR155WはFi103の部分的な手直しと改良を度重ねて要望したが、生産低下を怖れた製造工場の側は実質的な効果のある変更に手を出そうとはしなかった。その結果、1944年夏のフランスからの発射作戦に使用されたミサイルはすべて基本型、Fi103A-1だった。1944年夏に入って生産が順調に進むようになると、一連の改良と変更が進められ始めた。6月に前線に送られたFi103の一部は、主翼前縁に強化鋼材製のケーブル

このチャートはロンドンに対する攻撃の初期段階、1944年6月12日から9月1日にかけてのFR155WのV-1発射のペースを示している。下段はイングランドに着弾したミサイルの基数、中段は防空体制によって撃墜されたミサイルの基数、上段は技術的な問題のために発射後に墜落した、または行方不明になったミサイルの基数である。ドイツ側と英国側の記録の数字には相違があるので、極端な数字をできるだけ平準化することを考え、前後3日間の平均の数字を各々の日のデータとした。(Author)

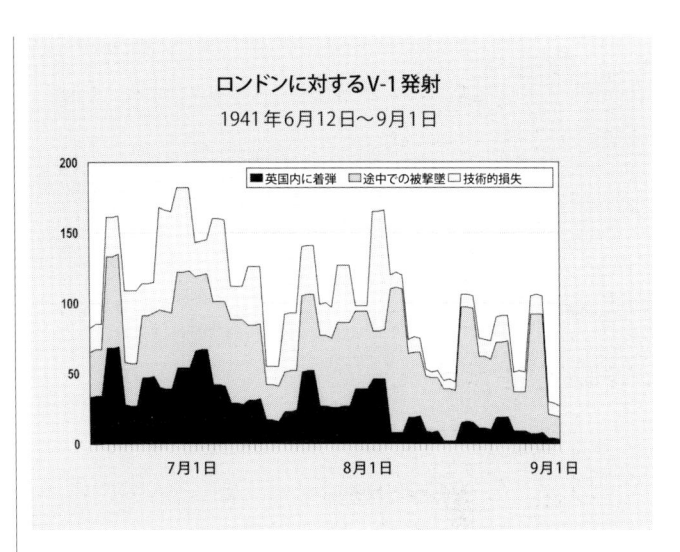

ロンドンに対するV-1発射
1941年6月12日～9月1日

切断用ブレードが取りつけられており、6月28～29日に50基が発射された。宣伝ビラ撒布の装置を搭載したミサイルも製造された。ビラを詰めた長さ1.5mのボール紙製の箱を搭載し、花火仕掛け装置(パイロテクニック)によって撒布の機構を作動させるのである。FR155Wは自隊の発案によって、焼夷弾や小型対人爆弾を投下する装置のテストを試みた。

標準的なアマトール39A+火薬が不足していたため、一部のミサイルには52A+のような代替の火薬が使用された。1944年6月25日、ヒットラーの命令があり、毎月250基のV-1の弾頭に高爆発力の火薬、トリアレンを充填することになった。このミサイルは7月18日に最初に発射された。ミロールのような他の種類の爆発物を使用することも計画されたが、実際に使われることはなかった。1945年に入ると、火薬の不足がひどくなり、多数の弾頭に低質な民間用のドナリット火薬が代用された。

1944年夏のロンドンに対する発射攻撃では、三角法による弾着地点推定のために、全ミサイルの7パーセントにFuG23電波発信機(トランスミッター)が装備された。その後の発射作戦ではこの装置を装備したミサイルの比率を大幅に増やしていき、1945年3月の最後の作戦の時期には50パーセント以上に及んだ。

不足している鋼材の使用を抑える方策が取られ、そのひとつとして木製翼が設計された。木製の主翼は、翼幅が最初の実用化型A-1の金属製主翼よりやや短く、重量が約38kg少なかった。木製主翼装備の最初の型、Fi103B-1は機首の構造の一部も鋼材から木製合板に変えられ、信管ポケットの位置などいくつかの変更があった。木製主翼のFi103ミサイルの発射は1945年2月の下旬に開始された。生産後期の木製主翼にはいくつか変更が加えられた。米国陸軍のアバディーン射撃実験場にある兵器博物館には木製主翼のFi103が1基収蔵されている。この機の主翼内の構造材は木製だが、それらの部材は薄い金属シートでカバーされている。Fi103B-2はB-1とほぼ同じだが、弾頭の炸薬がトリアレンに変えられ、信管が改良されている。Fi103C-1は航続距離を延ばすために、通常の弾頭の代わりに重量が軽いSC800破片爆弾を胴体前部に搭載していた。Fi103D-1は化学戦用薬剤を搭載するように設計されたが、知られている限りではシリーズ生産されることはなかった。

1944年の秋、Fi103の航続距離を延長するために集中的な改良作業が進められた。オランダ内の地点から発射したミサイルをロンドンまで飛ばすためである。最初の改良型、Fi103E-1は木製主翼であり、燃料タンクの容量が従来の690リッターから810リッターに増大され、弾頭はやや小型の合板製のケースに収められたものに変更された。長距

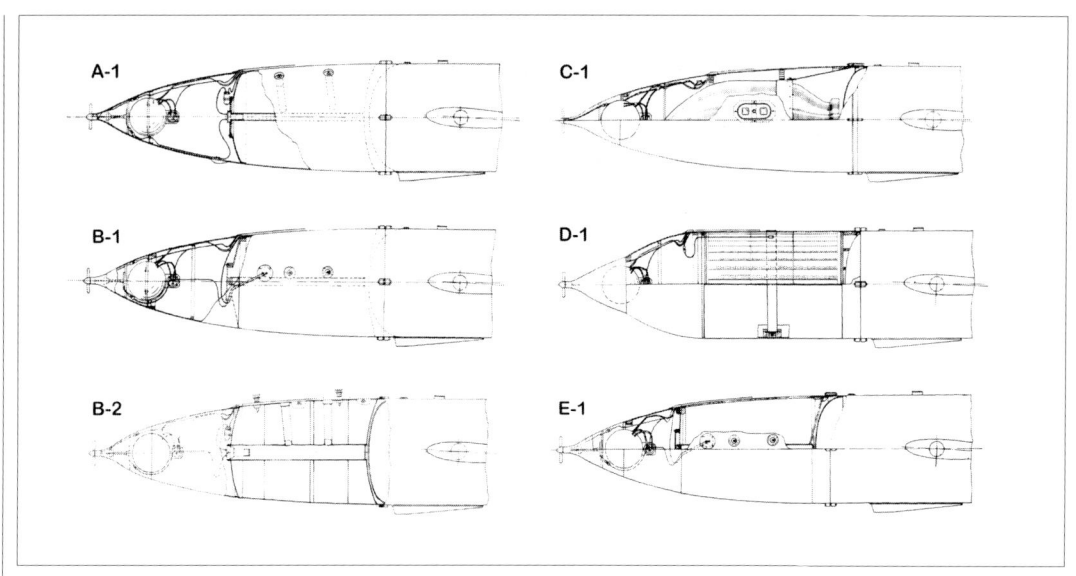

離型の最終版、Fi103F-1の燃料搭載量は1025リッターであり、弾頭の重量は530kgに削られていた。連合軍部隊がミッテルヴェルク社工場で発見したFi103の中には、燃料容量を1180リッターに増大した最後の型があったが、まだシリーズ生産には進んでいなかった。

Fi103の設計に常につきまとっていた問題のひとつは、パルス＝ジェットエンジンの推力不足だった。Fi103にポルシェ109-005ジェットエンジン（推力500kg、パルス＝ジェットより43パーセント高出力）を装備する設計研究が始められたが、ドイツ敗戦までに作業はあまり進行せずに終わった。

「ドナーシュラーク」作戦
Operation Donnerschlag

FR155Wは兵力の約四分の三をどうにかフランスから撤退させることができた。しかし、第Ⅲ発射大隊のものを除いて、発射のための重装備はすべて喪われた。撤退の後、この連隊は2個発射大隊を主力とした体制に再編成され、残りの2個大隊は対空砲部隊に転換された。ライン河沿いの地方、ザウアーラントと北部ヴェスターヴァルト地域（いずれもケルンの東方60kmほど）に新しい発射陣地を展開するように計画されたが、多数のミサイル墜落が発生するため、国内の都市化地区の多い地域からの発射には大きな不安があった。ベルギー国境に近いアイフェル森林地帯（ケルンの南方80km前後の高地）では、それ以前から候補地探しが進められていたため、この地域に設置された陣地が最初に発射活動に進んだ。アイフェル地域からはアントワープ港が射程内に入っており、国境近くにあるドイツ側の村落の数は少なく、途中でコースを外れたり墜落したりするミ

Fi103の6つの主要な型の弾頭の構造配置を示したドイツ側のオリジナルな図。そのミサイルがFi103の中のどの型であるかは弾頭の信管ポケットの位置によって識別できる。その点以外、弾頭の外観は、ほとんどの型も同じである。

1944年6月の下旬、一部のV-1にクート鋼索カッターが装着された。阻塞気球の脅威に対応するためである。マニュアルに掲載されていたこのイラストは、カッターのブレード（A）とそれを取りつけるための金属クリップ（B）がどのように主翼前縁内に収められているかを示している。

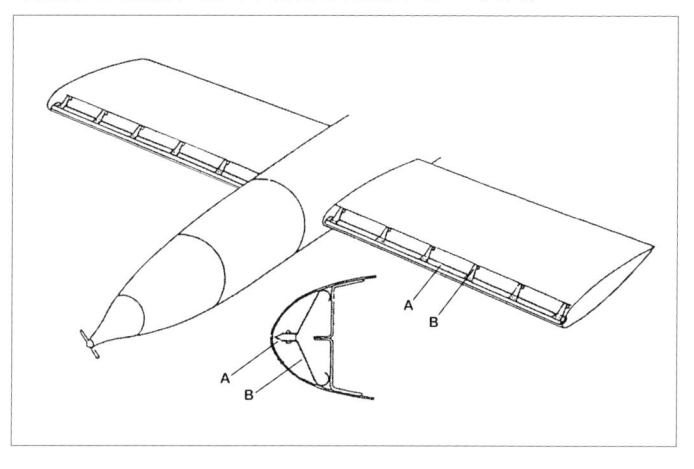

破壊されたヴァルター WR2.3 発射カタパルト。1945年1月のアルデンヌ森林地帯の攻防戦の結果、III./FR155Wがドイツ北西部のアイフェル地方から撤退した後、米軍部隊によって発見された。この地方の深い森林地帯の中で十分にカモフラージュされた発射陣地は、冬の厚い雲と地表近くの濃い霧に覆われ、連合軍の航空機から発見することはほぼ不可能だった。(MHI)

サイルにより住民に被害が及ぶ可能性は低いと考えられた。10月の半ばには、アイフェル地方のマイエンに近い地点に設置されたIII./FR155Wの最初の発射陣地が、発射可能の状態に至った。しかし、配備されていたミサイル329基を点検したところ、226基に不具合が発見され、修理のために発射開始は遅延した。

「ドナーシュラーク」(雷鳴)作戦の最初のミサイルは、1944年10月21日の0723時に発射された。10月下旬に410基が発射され、55基はブリュッセル、それ以外の全部はアントワープが目標とされた。この時期にはオートパイロットが改良され、ミサイルは発射後に1回、針路を変えることができるようになった。従来は目標の方位に向かって設置したカタパルトから発射することが必要だったが、この改良型ミサイルはそれ以外の方向に発射された後、空中で転針して目標に向かう直線コースに入る方式——「斜め発射」方式——の発射に転換した。従来、敵側はV-1の飛行コースを逆にたどっていって発射地点を突き止めることができたが、新方式に変わってからはそれが難しくなり、これが新戦術の主な利点となった。しかし、新方式には墜落の率が高まるというマイナスの面もあった。10月の末までにはアイフェル地方で8カ所の陣地が発射開始したが、この地域では陣地は十分に樹木の間でカモフラージュされ、連合軍機に発見されたものはまったくなかった。FR155Wは発射後にV-1がドイツの町や村に墜落することを避けるために最善の努力を払ったが、やはり事故は発生した。V-2の墜落事故も同様に発生したので、2つのV兵器は「アイフェルの恐怖」という不気味なあだ名をつけられた。

9月4日に英軍がアントワープを占領すると、モントゴメリー元帥はこの港湾がドゥードルバグによる攻撃の目標になる可能性が高いと認識し、この都市の防空のために米軍の対空砲部隊を配備することをアイゼンハワーに要請した。第IX防空コマンドは最初、10月の半ばに対空砲大隊3個を配備したが、ドイツ軍の攻撃の激化が進むにつれて、11月の初旬までには、対空旅団2個、対空連隊4個、対空砲大隊7個、自動対空砲大隊2個に兵力を増大し、それに英軍の探照灯連隊1個も加わった。

1944年10月24日、第65兵団は欺瞞のために陸軍第30兵団と改称された。もともと、第65兵団司令部はV 1とV-2の部隊を指揮するように計画されていたのだが、1944年の夏にV-2発射作戦の指揮がSS(親衛隊)の手に移ったので、この兵団の存在意義は

1945年4月、ダンネンベルク附近にあるドイツ空軍のカールヴィッツ弾薬デポが米軍第29歩兵師団に占領された。そこで米軍将兵の好奇心の的になったのは、この組み立て途中の状態の有人型V-1、Fi103Re.4だった。画面の右下の隅には地面に置かれた箱のようなものが写っているが、これはコクピットのキャノピー後部のフェアリングである。（NARA）

この時期に消えてしまっていた。1944年11月16日付で第30兵団は廃止され、空軍はFR155Wと部分的に編成されていたFR255Wを統合して第5対空砲師団に改編し、兵団参謀長だったヴァルター大佐が師団長となった。

　1944年11月20日、III./FR155Wはリエージュに対するV-1ミサイル攻撃、「ルートヴィヒ」作戦を開始した。リエージュはアーヘン周辺での戦闘に対する米軍の補給基地であり、このため、B軍集団はこの都市に対するミサイル攻撃の要請を重ねていた。米軍は11月23日にリエージュ防空戦闘を開始したが、アントワープ防空に比べてはるかに困難な戦いとなった。周辺にいくつもある米軍地上部隊の後方集結地に多数の対空砲弾が落下したのである。この問題を避けるために、対空砲部隊はできる限り前線に近い位置に移動した。

　V-1発射のテンポが高まってくると、FR155Wは3番目の発射大隊の復活にとりかかったが、どこに発射陣地を展開するかは依然として難しい問題だった。12月20日までには、ライン河沿いの地区に20カ所の発射陣地が完成し、発射カタパルト8基が設置されたが、途中墜落が数多く続いたため、国内の都市に近い地区での発射に反対する考えが

ラインメタル社のヒラーズレーベン火砲試射場で発見されたFi103Re.4。TW-76トロリーに載せられている。これはこの有人ミサイルが弾頭を装着した状態で発見された数少ない例のひとつである。このミサイルの主翼は画面手前の貨車の側板に立てかけられており、この型の翼に追加された補助翼がはっきりと写っている。（USAOM-APG）

Fi103ミサイルの改良型

拡がった。このため連隊は、オランダに新しい発射陣地を展開するように決定した。「オランダ内では発射直後の墜落による一般市民の被害を考慮する必要はない」（FR155Wの日誌の記述による）からである。アムステルダムの東100km余りのデヴェンテル市の周辺に2個大隊が配備され、12月16日にアントワープに向けてV-1発射を開始し、一方、III./FR155Wはアイフェル地方からリエージュに対する発射を続けた。

　12月半ばにオランダからのV-1発射が開始されると、アントワープの防空体制は東北方から進入してくるミサイルを防御するために配備変更が必要になった。しかし、12月16日にアルデンヌ森林地帯でドイツ軍が大規模な奇襲反撃作戦を開始すると、米軍はその対応の一部として対空砲大隊7個をアントワープ防空配備から引き抜いた。英軍はその跡を埋めるために重対空砲連隊2個を配備した。リエージュ周辺に配備された対空砲部隊はアルデンヌ地方での激戦に巻き込まれ、臨時の対戦車部隊として戦った。その後、リエージュの防空体制が元の状態にもどることはなかった。

　オランダ内の発射陣地は連合軍の航空攻撃による被害を強く被った。オランダのレジスタンス組織が陣地の位置を連合軍に通報したことも、その理由の一部だった。1945年1月24日の攻撃はその例のひとつであり、P-47サンダーボルトの4機編隊が、陣地の兵員がミサイル発射準備作業を進めている時に急襲し、発射カタパルトのレールの上に置かれたV-1を破壊した。翌日にはミサイル貯蔵区画を攻撃し、ミサイル30基を破壊すると共に大量の燃料を炎上させた。陣地での被害が増大すると、それに対応して、以前にフランスで多用した戦術が復活された。敵に発見されるのを避けるために、定期的に別の地点に移動する戦術である。この戦術――「ゴミ罐（ミサライル）」作戦と呼ばれた――をテストするためにII./FR155Wはロッテルダム周辺地区に移動し、1945年1月27日に発射開始し、8日間で約300基を発射した。

　1944年12月のドイツ軍のアルデンヌ反撃作戦は失敗に終わり、この戦闘地域に近いアイフェル地方の発射陣地群にも脅威が迫ってきた。1月27日、III./FR155Wは「10月祭（オクトーバーフェスト）」作戦――3個大隊全部をオランダに集中する作戦――の準備を命じられた。オランダには十分な数の発射陣地が出来上がっていないため、第III大隊の1個中隊がケルン周辺の以前に放棄されていた数カ所の陣地から2月11日にミサイル発射を開始し、1週間継続した。米国陸軍は1月の下旬にアントワープ周辺の防空体制を以前と同じ規模に立て直した。この地域の中で、オランダ国境に面した北東の地区には対空砲が最も多く配備された。それ以上に重要な変更は、この地域で近接信管の使用を許すという決定だった。これによって撃墜率は向上した。しかし、この防空戦闘には難しい問題が多かった。V-1の発射地からの距離が短いこと、連合軍のいくつもの飛行場と人口密集地区によって対空砲陣地設置が制約を受けたこと、V-1の進入高度が低いことである。FR155Wが発射したFi103の合計はアントワープに対して8696基、リエージュに対して3141基、ブリュッセルに対して151基である。アントワープに対して発射された8696基の内、実際にアントワープ地域まで到達したものは4248基にすぎず、その内でアントワープ防空圏（ゾーン）に進入したのは2759基であり、そこで1766基が撃墜され、攻撃目標である港湾地区に着弾したのは211基にすぎなかった。3月27日2245時、アントワープにFi103の最後の1基が落下した。ベルギー全体でのFi103による人的損害は、死者が民間人3736人と軍人947人、負傷者が民間人8166人と軍人1909人、合計14758人である。この合計死傷者の大部分はアントワープで発生し、民間人8333人、軍人1812人、合計10145人に達した。それ以外の4600人ほどの大半はリエージュでの損害だった。

ベルギーの都市に対する Fi103 攻撃

	44年10月	44年11月	44年12月	45年1月	45年2月	45年3月	合計
発射基数	410	2119	2568	2537	2787	1567	11988
発射直後墜落	48	292	363	429	374	225	1731

　1945年の初めに、FR155Wは再び組織改編に迫られた。ドイツが激しい苦境に陥ったためである。燃料の供給は厳しく削減され、ミサイルの補給は一日あたり160基から100基に減少した。1月の末には第5対空砲師団は人員の一部を削って東部戦線に送るための1個歩兵連隊を編成するように命じられ、この措置によって発射部隊のマンパワーは必要最低限ぎりぎりにまで減少した。2月の半ば、第5対空砲師団はSSのミサイル作戦特別コミッショナー、ハンス・カムラー親衛隊中将の指揮下に移された。ヴァルター大佐は武装SSに転籍することを拒否したため師団長の職を解任され、ヴァハテル大佐が彼の後任となった。

　1945年2月、新しい航続距離延長型、Fi103E-1ミサイルが供給されるようになり、オランダ内の発射陣地からロンドンを攻撃することが可能になった。再開される対ロンドン攻撃、「ボール紙（パップデッケル）」作戦のために合計21カ所の陣地が発射準備を整えた。攻撃は1945年3月3日に開始され、3月29日までにミサイル275基が発射された。その内、ある程度長い距離を飛んだのは約160基にすぎず、92基が対空防御によって撃墜され、ロンドンに達したのはわずかに13基にすぎなかった。最後のロンドン着弾は3月28日だった。オランダ内の発射陣地の地域に連合軍の地上部隊が接近してきたため、ここでミサイル攻撃作戦全体に終止符が打たれた。イングランドに対するドゥードルバグ攻撃は作戦開始以来の合計で、死者約5500人、負傷約16000人の人的損害と、大きな打撃となる物的損害をあたえた。

　振り返って見ると、V-1の開発、製造、配備のコストはV-2よりもはるかに低く、V-2よりもはるかに効率の高い兵器だった。そして、逆説的な効果もあった。V-1の発射陣地は航空攻撃による損害を受けやすく、飛行中のミサイルは戦闘機による迎撃や対空砲火に対して脆弱なので、連合軍は積極的な対応策に乗り出し、「クロスボー」爆撃作戦と、ロンドン、アントワープ、リエージュの防空体制に大きな戦力を投入したのである。連合軍はそれだけの戦力を割く余裕を持っていたのだが、一方、V兵器の戦闘効果はドイ

これはライヘンベルク有人ミサイルの写真の中で最も広く知られているものだが、この機体の外形にはいささか疑問点がある。この機体は1945年5月にダンネンベルク弾薬デポで発見された部材を使い、米国海軍欧州派遣技術ミッションによって組み立てられた。この機に取りつけられている合板製外筒の弾頭が、実際にこの型に装着するためのものだったか否か、明らかではない。規定通りの救命胴衣を身につけた志願パイロットにとって、コクピットから脱出するのがどれほど難しいことだっただろうかということを、米国の将校が実演して見せている。（NARA）

ダンネンベルクで発見されたライヘンベルクの大半は、弾頭が装備されていない状態だったので、展示のために米国に送られた機体の多くには偽物の弾頭が取りつけられた。この写真に写っている機は大戦直後のワシントンDCでの展示物の一部だが、弾頭は模造品であり、尾翼のカギ十字は米国の側で描かれたものである。（MHI）

ツがそれに投入した資材、生産に見合うものではなかった。V兵器の弾頭の製造に当てられた爆薬の量は、1944年7〜9月の重大な3カ月間の国防軍全体の使用量の半分、そして1944年秋の生産量全部と同じだった。第三帝国の命運の傾きが進んでいたこの時期に、V兵器は1カ月に1000人ほどのイギリスとベルギーの民間人を殺すために、国防軍全体の保有量の半分もの爆薬を消費していたのである。1944年秋にはV兵器プログラムによる浪費のために爆薬の不足が激しく進行し、砲弾の爆薬に増量剤として岩塩が加えられ、砲弾不足のために本土防空対空砲部隊の射撃が厳しく制限されるようになった。1944年夏、V-1攻撃はロンドン市民に強い精神的苦痛をあたえたが、大戦の終結は目近かに見えており、ミサイル攻撃が英国人の戦意に強いインパクトを及ぼすことはなかった。アントワープに対する攻撃はもっと強烈だったが、明白な攻撃目標である港湾地区に着弾したミサイルは約200基のみであり、港湾施設に大きな打撃をあたえることはできなかった。V兵器は敵に報復を加えたいというヒットラーの渇望を満足させたかもしれないが、軍事的な立場から見れば、このミサイル攻撃はまったくの愚行だった。

有人ミサイル「ライヘンベルク」
The Reichenberg Piloted Missile

Fi103の中で最も悪名高いのは、価値の高い目標を攻撃するという目的で計画されたFi103Rライヘンベルクである。ヒットラーのお覚めでたい冒険的な軍人、オットー・スコルツェニーSS大佐と有名な女流テスト・パイロット、ハンナ・ライチュの2人が各々、自分がこのアイディアを発案したのだと主張している。搭乗したパイロットがミサイルの機首を目標に向け、もし運が良ければ、最後の数秒の内に機外に脱出して落下傘降下するという仕組みである。空軍の上層部の多くはこの兵器による戦いが自殺に近い性格であるので困惑した。Hs293やミステルのような他の誘導ミサイルによって、この種の精密攻撃の任務を果たすことができると彼らは考えたのである。しかし、この時期の偏執狂的な雰囲気の中で、ヒットラーの取り巻きたちが得意になっているこのプロジェクトに異議を唱えるのは危険なことだった。

Fi103をこの用途に改造するのは簡単だった。ヘンシェル社の工場では必要最低限の機能を持ったコクピットと、操縦性を良くするための左右の補助翼を設計した。原型機

の飛行テストはレヒリンのテストセンターで1944年9月に開始された。最初の飛行の際、パイロットは脊椎に重傷を負った。着陸の速度が高く、着陸用の橇(スキッド)が緩衝装置なしの不十分な構造だったためである。2回目の飛行では、着陸の際にキャノピーが吹き飛び、パイロットは重傷を負った。改造が加えられた機体によって飛行テストが重ねられ、フィーゼラー社のヴィリー・フィードラーとハンナ・ライチュも数回、テストのために飛んだ。

Fi103Re.1を操縦するのは難しいことが明らかになり、9月に動力なし、複座の練習機、Fi103Re.2が1機製作され、11月には動力つきの複座練習機、Fi103Re.3が数機製造された。1944年11月5日に行われたFi103Re.3の二度目のテスト飛行の際、エンジンの振動が機体に拡がったため、左の翼が脱落した。幸いにテスト・パイロット、ハインツ・ケンシェは窮屈なコクピットからなんとか脱出することができた。この事故によって偶然に、高技量のパイロットにとってさえもライヘンベルクからの落下傘降下は難事であることが明らかになった。

ライヘンベルク作戦は特殊作戦任務部隊、KG200（第200爆撃航空団）の「レオニダス」飛行中隊(シュタッフェル)が担当することになった。爆撃機隊査察総監、ヴァルター・シュトルプ少将は、「ヘルマン・ゲーリング」戦闘機師団という名称の下に、全体がライヘンベルクによって自殺攻撃任務に当たる部隊を新編しようと試みた。志願したパイロット70名の内、半分ほどは1945年2月下旬までにある程度の訓練を受けたが、それ以降は燃料不足のために訓練は停止された。その後もライヘンベルクのテストはレヒリンで継続された。そして、テスト・パイロット、ケンシェの幸運が尽きてしまう日がきた。3月5日、翼幅を短くする改造を加えたFi103Re.3の両翼が、飛行中に吹き飛ばされる事故が発生したのである。これはKG200司令、バウムバッハ中佐にとって最後の1本の麦藁だった。彼はこの計画全体が愚かなものだとシュトルプ少将に述べ、激論になった。バウムバッハは軍需生産相、アルベルト・シュペーアに助けを求めた。3月15日、シュペーアとバウムバッハはヒトラーと面談し、自殺攻撃はドイツ軍人の伝統から外れていると彼を説得した。ヒトラーの同意を得て、バウムバッハはその日の内にライヘンベルクの部隊の解隊をIV./KG200飛行隊長に命じた。200基以上もあった「ライヘンベルク」ミサイルは、ダンネンベルクとプルファーホフの弾薬デポに移管され、レヒリンのテスト施設に送り出されたものを除いて、部隊配備されることなく大戦終結に至った。

その外に好奇心をそそられる事実がある。日本の駐ドイツ大使館付海軍連絡将校がレヒリンを数回来訪しているのである。ドイツの技術的援助をベースにして「ライヘンベルク」の日本版、川西「梅花」（＊）の開発が始められたが、完成には至らず終戦を

米国陸軍航空軍は鹵獲したV-1の技術を利用しようと素速く行動を始め、1944年の末にはそのコピー版、JB-2を製造した。これは風洞に取りつけられたテスト用機である。（NARA）

迎えた。

　＊訳注：パルス＝ジェットは東京帝大航空研究所（航研）の研究を海軍と陸軍の技術部門が引き継いで、終戦直前に協同開発を開発した。それを装備する「梅花」の製作は第2軍需廠になっていた川西が担当する計画だったが、終戦時にはまだ航研で基本設計の段階だった。

FOREIGN COPIES OF THE V-1
連合国によるV-1コピーの試み

JB-2 サンダーバグ
The JB-2 Thunderbug

　米国陸軍航空軍（USAAF）は、V-1との戦いに膨大な資源を投入したためか、V-1について強い印象を受けた。1944年7月12日、1トン前後のV-1の部材・部品が至急にライト＝パターソン基地に向けて送り出され、スタッフはV-1のコピー——JB-2（ジェット爆弾2の略）と呼ばれた——13基を製作するように命じられた。驚くべきことに、13基は3週間の内に完成し、量産を開始すべきだとの意見書が提出された。陸軍省はこのアイディアをあまり重視せず、この兵器の誘導精度は不十分であり、用途は恐怖爆撃——住民を恐怖に陥れるために、地域全体に広く投弾する戦術——に限定されると指摘した。しかし、結局、誘導精度を改良するという了解の下に量産に承認が与えられた。1944年7月下旬にUSAAFはJB-2　1000基を発注した。機体はリパブリック社とウィリー社、エンジンはフォード社が受注した。この時期、ドイツのカタパルト式発射装置の詳細はまだ不明だったので、ノースロップ社が新たに発射ランプと補助ロケット装備の橇を設計した。USAAFは1カ月当たり1000基の生産発注でスタートし、1944年9月までには月間5000基に拡大するように計画していた。欧州戦略爆撃航空軍司令官、スパーツ中将はJB-2の欧州への配備を積極的に支持しようとはしなかった。それによって通常の兵器・弾薬の補給に混乱が発生する可能性があり、誘導精度が不十分なこのミサイルはトラブルを帳消しにするだけの効果をあげることはできないと感じていた。初めの内の爆発的な支持論が沈静した後、このプログラムの限界と高コストに

米国海軍は長い発射台の使用を避けようとして、最終的に発進補助ロケット（RATO）を使ったゼロ距離発射装置を開発した。この写真は水上機母艦ノートン・サウンドの甲板に設置された発射装置と、その上で発射態勢を整えたルーンNo.244である。1949年8月の撮影。（NARA）

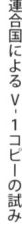

米国海軍のルーン実験プログラムは、将来の潜水艦発射巡航ミサイル開発の可能性を検証するために計画された。これは1950年12月2日に、カリフォルニアの沖合で潜水艦カーボネラ（SSG-337）からルーンNo.995が発射された場面である。

ついての冷静な評価が着実に拡がり、陸軍省は1945年1月の末にJB-2のその後の契約を打ち切った。1945年9月に生産停止に至るまでに、1391基のJB-2が製造された。

1944年10月にエグリン基地でJB-2の最初の発射が行われた。USAAFはドイツ空軍と同様なトラブルを数多く抱え込むことになり、1944年12月の初めまでに実施されたテスト発射10回の中で成功したのは2回だけだった。1945年6月までには成功率は改善され、発射164回の中で成功が128回に達した。USAAFはいくつかの発射方式をテストした。長さ400フィート（122m）の傾斜つきランプ、補助ロケット装備の橇と水平なランプの組み合わせ、トレーラーに装備した50フィート（15.2m）のランプなどである。空中発射もテストされ、B-17Gの両翼の下面に各1基搭載されたJB-2が発射された。改良された誘導システムもテストされた。レーダー追跡によって得たデータに基づき、無線操作によってミサイルの慣性航法装置を調整する方式である。1949年、残っていたミサイル全部をテスト発射によって使い切った後、空軍（1947年9月、USAAFは陸軍から独立し、米国空軍となった）はJB-2計画を打ち切った。誘導精度が不十分であり、パルス＝ジェットには限界があることが判断の理由である。JB-2が実戦に使用されることはなかった。

海軍は新しい技術から取り残されまいとして、1945年にこのミサイル351基の譲渡をUSAAFに要請した。海軍はこれにLTV-N-2「ルーン」（LTV-NはLaunch Test Vehicle-Navalの略）という呼称をつけ、開発プログラム、プロジェクト「ダービー」を開始した。海岸に設置したランプと水上艦艇からの発射でテストを始めたが、多数の問題が発生し、1946年1月から1947年12月にかけて発射された最初の84基の内、発射成功はわずかに5基だった。1946年にはプログラムの重点を変え、巡航ミサイルを潜水艦から発射する方式の研究に移行して、1947年2月12日に浮上している潜水艦からの最初の発射テストを行った。海軍は発射装置をできる限り単純でコンパクトなものにするべきだと考え、改良したロケット・ブースターを使ったゼロ距離発射ランプを開発した。この装置は水上機母艦ノートン・サウンドの甲板に設置され、1949年1月26日に最初の発射テストが行われた。1948年1月から1949年3月にかけての発射テストの最後のシリーズでは、70回の発射の内の37回が成功だった。しかし、海軍はルーンに満足せず、1947年11月にジェットエンジン装備の巡航ミサイル、「レギュラス」の開発に着手し、実用化に進めた。1950～53年の朝鮮戦争の際に、ルーンを数基、北朝鮮に向けて発射することが考えられたが、その攻撃が必要になる状況は起きなかった。不思議なことに、ハリウッドではミサイル潜水艦をベースにした映画、『ザ・フライング・ミサイル』

ドイツは日本にV-1とアルグス109パルス＝ジェットエンジンについての情報をかなり大量に提供した。この協力関係から生まれた唯一の具体的な結果は川西「梅花」特別攻撃機——計画途中で終戦に至った——に装備するための、カ10パルス＝ジェットエンジン原型製造のみだった。画面の手前に写っているのはその1基であり、後方はMe163コメートのヴァルターHWK509Aのコピー、特ロ2号ロケットエンジンである。（NARA）

（1950年、主演はグレン・フォード）が製作された。

ソヴィエトのV-1コピー
Soviet V-1 Copies

　スターリンはドイツがミサイルによるロンドン攻撃を開始したというニュースにすぐ反応して、1944年6月13日にソヴィエトも同様なミサイルを開発するプログラムを始めるように命令した。ヴラジーミル・チェロメイはそれまでパルス＝ジェットエンジン研究を続けていたので、1944年10月にこのプログラムの担当に任じられ、有名な戦闘機設計者、N・N・ポリカルポフが亡くなった後のOKB-51設計局の責任者の地位についた。赤軍はポーランドのブリズナ試射場でV-1の機体の一部を回収した。V-1の最初のコピーは10Kh、後にイズデリエ10（10号物品）と呼ばれた。ロシア語のキリル文字「Ｘ（Kh）」はローマ字の「X」に似ている。このため、西側はこれらの初期のミサイルを「イクシー」または「エクスズ」というニックネームで呼ぶようになった。シリーズ生産は1945年3月に開始すると予定され、月産100基でスタートし、1年後には月産450基に拡大するように計画された。

　発射ランプの準備が整わなかったため、最初の発射は1945年3月20日、中央アジアのタシケント附近で、Pe-8四発重爆撃機から投下する方式によって行われた。8月の末までに63基のミサイルが発射され、だいたい三分の一が目標地区に到達した。その後、主翼を木製に変えた改良型10kh（イズデリエ30）ミサイルが180基生産され、1948年12月までに空中発射が73回行われた。地上発射型は10KhNと呼ばれ、これも1948年中に補助ロケットと発射ランプを使ってテスト発射された。誘導システム、エンジン、発射システムの改良が次々に重ねられたため、プログラムは5年以上も延々と続けられたが、1951年の最後のテストのシリーズは期待外れだった。

　D-3パルス＝ジェットを装備した10Khの改良型と併行して、もっと強力なD-5エンジンを装備した改良型、14Khが10基製造された。この型の木製主翼は先が細くなる平面形で補助翼が装備されていたが、それ以外は10Khと同じだった。1947年7月にPe-8重爆に搭載されてテスト発射された。

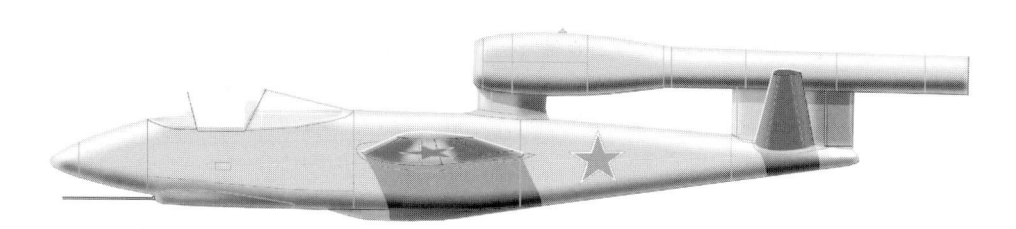

ソヴィエトのEF126攻撃機。
（Author）

　この時期までには10Kh、14Kh双方とも、誘導システムの精度が低いために、技術的な行き詰まりに至ったことが明らかになり始めていた。一方、新たなレーダー波誘導システム——「コメータ」というコード名がつけられた——の開発が進んでおり、D-14-4パルス＝ジェットエンジン双発の新型ミサイル、16Kh「プリボイ」（岸打つ波）に装備された。16Khの発射テストは最初、Tu-2双発爆撃機から投下する方式で行われ、1948年1〜6月に17基が発射された。プリボイには改良が加えられ、TV誘導装置開発の作業も始められた。1951年にTu-4四発重爆から投下する発射テストが重ねられた後、国家委員会はこのミサイルを生産に進める勧告を出した。しかし、ソヴィエト空軍は16Khの誘導精度の低さ、不十分な信頼性、低温下での性能に不満を示した。16khと併行して、ミコヤン戦闘機設計局はジェットエンジン装備の巡航ミサイル、KS-1の開発を進めており、これの性能は16Khよりは満足度が高かった。1952年の末にはKS-1の生産が始まり、1953年5月にはシリーズ生産の最初のバッチが黒海艦隊所属、Tu-4K（Tu-4はB-29のコピー。Kはミサイル搭載用の型）を装備した爆撃機連隊のひとつに配備された。このミサイルには、NATOが後にAS-1「ケンネル」（ASは空対地の略）という型式番号・呼称をつけた。このような経緯があり、ミコヤンのミサイルが実用に進んだため、10KhN地上発射ミサイルと16Kh空中発射ミサイルのプログラムは1953年2月19日に打ち切られた（1950年代半ばにテスト用無人機として復活させようとする動きが一部にあった）。彼の開発プログラムは失敗に終わったが、チェロメイはその後、NPOマシノストロイエニエの責任者に移動した。これはソヴィエトで最も高い成績をあげたミサイル設計局のひとつであり、数多くの巡航ミサイル、弾道ミサイル、宇宙ブースター、人工衛星を開発した。

　チェロメイの巡航ミサイル開発プログラムの外に、ソヴィエトはV-1の有人戦闘機型のコピー（＊）、EF126の開発を進めた。1945年10月、ドイツのソヴィエト占領地区内でソ連の管理下に置かれていたユンカース社デッサウ工場に、その作業を命じたのである。1946年に合計5基の原型機が完成し、5月に滑空テストが開始された。生産型機は新型のJumo226ジェットエンジンと20mm機関砲2門が装備されるように計画されていた。1946年5月21日、二度目のテスト飛行で着陸時に墜落し、ドイツ人のテスト・パイロットが死亡した。残った原型機は先行生産されたJumo226と共にソ連に送られたが、この開発プログラムは間もなく打ち切られた。

　＊訳注：ユンカースEF126はミニチュア戦闘機計画で数社が競争提案した型のひとつ。1944年11月に作業を始め、敗戦の時はモックアップ製作に進んでおり、戦後にソ連の命令でユンカース社が原型機製作を継続した。レイアウトはV-1に似ているが、コピーではない。寸法と重量はV-1よりやや大きく、三車輪式の降着装置を持っていた。

米・ソ以外の国のV-1コピー
Other V-1 Copies

　主要連合国の中で、英国はV-1のコピー製造に手を出さなかった（朝鮮戦争が勃発した時に計画開始され、戦争終結と共に計画が打ち切られた「レッド・レイピア」巡航ミサイルはV-1が発想の元となっていたが）。このため、米国とソ連以外にV-1のコピーを大量に製造した国はフランスだけとなっている。1947年、シャティロンの航空工廠（アルセナル・ド・ラエロノーティク）がV-1コピーの作業を開始した。しかし、用途は巡航ミサイルではなかった。この工廠は新型の空対空ミサイルの設計を進めており、それと組み合わせて運用するジェット動力標的機として計画されたのである。この標的機はCT10という型式番号がつけられ、1949年4月、初飛行に成功した。V-1計画初期のエルフルト設計案と同じく方向安定板2枚を水平尾翼の両端に配置したデザインになり、V-1よりも小型だった。CT10は固形ロケット離陸補助装置を使って地上の発射ランプから発射する方式と、LeO451双発中型爆撃機などから発射する方式のいずれも可能だった。約400基が製造され、英国と米国にも輸出された。

参考文献●bibliography

　V兵器についての書物と雑誌記事は数多く、当然のことながら、英語で書かれた書物はロンドンに対するミサイル攻撃と、それを制圧するために展開された「クロスボー」作戦に重点を置いている。ここで紹介する書物以外に、1940年代に作成された秘密レポートが豊富にあり、最近10年ほどの間に機密扱いが解除されている。米国陸軍省は *Handbook on Guided Missiles: Germany and Japan* （Military Intelligence Division, US War Department, 1946）というタイトルの膨大な研究報告を作成し、この中にはV-1についてきわめて有用な章が含まれている。ドイツのパルス＝ジェット開発についての貴重な研究のひとつは、ドイツ人のエンジニア、Günther Diedrichが米国海軍のプロジェクト「スクウィド」（烏賊）のために作成したレポート、*The Aero-resonator Power plant of the V-1 Flying Bomb* （1948）である。V-1作戦全体についての最も優れた概観のひとつはM. Helfers中佐による研究、*The Employment of V-Weapons by the Germans During World War II* （Office of the Chief of Military History, US Army, 1954）である。この外、有益な内容を持っている研究としてはMary Welbornによる *V-1 and V-2 Attacks against the United Kingdom during World War II* （Operations Research Office ORO-T-45, 1950）、Frank Heilendayによる *V-1 Cruise Missile Attacks against England: Lessons Learned and Lingering Myths from World War II* （Rand Corp. 1995）、*Tactical Employment of Antiaircraft Units Including Defense against Pilotless Aircraft (V-1)* （US General Board, 1947）などがある。ドイツのミサイル生産と連合軍の爆撃のインパクトについての米国での見方は、US Strategic Bombing Surveyの *V-Weapons (Crossbow) Campaign* の巻に書かれている。ミサイル攻撃作戦についてのドイツ側のパースペクティブは、1947年にEugen Walter空軍少将（第65兵団参謀長、後に第5対空砲師団師団長）が米国陸軍のForeign Military Study programのために作成した研究、*V-Weapon Tactics (LXV Corps)* に書かれており、開発のパースペクティブは *The German V-1* （Naval Air Missile Test Center Memo Report 29, 1949）にも記述されている。ロンドンのImperial War Museumには第155（W）対空砲連隊のきわめて詳細な戦闘日誌の英語訳が所蔵されている。1944年4月発行のFZG-76の野戦部隊取扱マニュアルも重要な情報源である。V-1については、大戦中の情報レポートが大量にあり、著者はUS National Archives、US Army Military History Institute、Smithsonian's National Air and Space Museum の所蔵資料を参照した。以下は、参考出版

物のリストだが、残念ながら十分というには程遠い。

Laurence Bailleul, *Les Sites V1 en Flandres et en Artois* (Self-published, 2000)：パ・ド・カレー地方で活動したI./FR155WのV-1発射基地を詳細に記述したすばらしい資料である。

H. E. Bates, *Flying Bombs over England* (Froglets, 1994)：公開されず、長らく忘れ去られていた英国航空省のV-1作戦についての報告書。1994年になって薄暗がりの中から取り出された。

Steve Darlow, *Sledgehammers for Tintacks: Bomber Command Combats the V-1 Menace 1943-44* (Grub Street, 2002)：「クロスボー」作戦におけるRAF爆撃機コマンドの活動が詳細に記述されている。

Jean-Pierre Ducellier, *La guerre aérienne dans le nord de la France: 24 juin 1944, V-1 Arme de Représailles no. 1* (Doullens, 2003)：1944年にフランス北部上空で展開された航空戦についての詳細な書物を広く集めたシリーズの一部。1944年6月24日の航空攻撃を「クロスボー」作戦検証の出発点としている。

Norbert Dufour, Christian Doré, *L'enfer des V-1 en Seine-Maritime durant la Seconde Guerre Mondiale* (Ed. Bertout, 1993)：セーヌ・マリティーム県内のV-1発射陣地について詳細に書かれている。

A. Glass, et al, *Wywiad Armii Krajowej w walce z V-1 i V-2* (Mirage, 2000)：ポーランド国内軍レジスタンス組織のV兵器に対する戦いを記述した書物。写真が豊富。ポーランド内でのドイツのミサイル・テスト活動についても重要な資料である。

Lambert Grailet, *Liège sous les V-1 et V-2* (Self-published, 1996)：リエージュに対するV兵器攻撃について書かれた個人出版の小冊子。

Regis Grenneville, *Les Armes Secrètes Allemandes: Les V1* (Heimdal, 1984)：ノルマンディ地方のV-1発射陣地に焦点を置いた優れた著述。

A. L. Gruen, *Preemptive Defense: Allied Air Power versus Hitler's V-Weapons 1943-45* (USAF, 1998)：頁数は少ないが、重要な小冊子。「クロスボー」作戦において米国陸軍航空軍が担った役割が記述されている。

Peter Haining, *The Flying Bomb War* (Robson, 2002)：英国に対するV兵器攻撃について、当時書かれた記事の類を集めた書物。筆者はジョージ・オーウェル、アーネスト・ヘミングウェイなど有名な著述家を始め、多くの一般市民や空軍と陸軍の将兵にわたっている。

P. Henshall, *Hitler's V-Weapons Sites* (Sutton, 2002)：フランス内のミサイル発射陣地について英語で書かれた書物の中で、最も詳しく書かれている。

D. Hösken, *V-Missiles of the Third Reich* (Monogram, 1994)：V-1、V-2ミサイルについての単一の研究書として最高の書物。写真や図版がきわめて多く収録されており、その面を重視する人たちにとっては、殊にありがたい。

R. V. Jones, *Most Secret War: British Scientific Intelligence 1939-45* (Hamish Hamilton, 1970)：大戦中の英国の技術情報収集活動についての優れた著作。著者はその活動に参加していた人である。V-1に対する作戦に関する重要な2つの章が含まれている。

Richard A. Young, *The Flying Bomb* (Ian Allan, 1978)：最近の研究に較べればやや時代遅れの感じはあるが、V-1についての古典的な書物のひとつ。

カラー・イラスト解説 color plate commentary

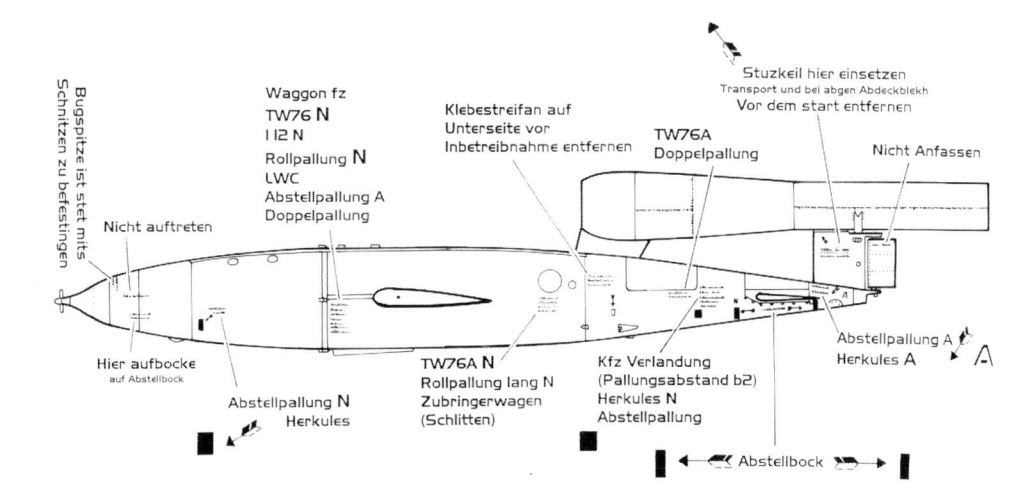

```
Bugspitze ist stet mits
Schnitzen zu befestingen
                Nicht auftreten
                              Waggon fz
                              TW76 N
                              112 N
                              Rollpallung N
                              LWC
                              Abstellpallung A
                              Doppelpallung
                                        Klebestreifan auf
                                        Unterseite vor
                                        Inbetreibnahme entfernen
                                                       TW76A
                                                       Doppelpallung
                                                                          Stuzkeil hier einsetzen
                                                                          Transport und bei abgen Abdeckblek
                                                                          Vor dem start entfernen
                                                                                  TW76A
                                                                                           Nicht Anfassen

                                                                                                      Abstellpallung A
                                                                                                      Herkules A
  Hier aufbocke
  auf Abstellbock
        Abstellpallung N
        Herkules
                  TW76A N
                  Rollpallung lang N
                  Zubringerwagen
                  (Schlitten)
                              Kfz Verlandung
                              (Pallungsabstand b2)
                              Herkules N
                              Abstellpallung
                                                        Abstellbock
```

このイラストはV-1の機体の典型的なステンシルを示している。通常、ステンシルは胴体の上半分のグリーン塗装の部分には白、下半分のライトブルーの部分には黒でプリントされていた。(Author)

A1: Fi103「Vシリーズ」 ペーネミュンデ 1943年春

テスト用のミサイルは目視追跡を楽にするために明るい色で塗装されていることが多かった。初めの内は全体が黄色に塗装されていたが、弾体の上半分が黄色、下半分が黒の塗装に切り換えられた。ミサイルが背面姿勢になった時に、すぐ確認できるからである。この例ではアルグス・エンジンは塗装されておらず、鋼板の地肌のままである。シリアル番号――この例ではV91を示す91――が垂直安定板に書かれている。

A2: Fi103「Mシリーズ」
ヴァハテル訓練・実用テスト特別任務部隊
ペーネミュンデ 1943年秋

先行生産型、Mシリーズのミサイルの塗装は、胴体とエンジンの上半分がRLM71（RLMはドイツ航空省の略。塗料の色は規格化され、各々の色にRLMの頭文字に2桁の数字が続くシリーズ番号がつけられていた）ダークグリーン、下半分がRLM65 ライトブルーの比較的弊ったパターンだった。シリアル番号は垂直安定板に白で書かれている。

A3: Fi103Re.3 ライヘンベルク複座練習機
レヒリン・テスト施設 1945年2月

これらの練習機型の写真は少数しか残っていないが、それで見る限り、きちんとした塗装だった。1944年8月15日、RLMはRLM65を廃止し、航空機工場でのストックがなくなり次第、新たに規格化した3種のグリーン塗装に切り換えるように指示した。しかし、爆撃機は下部のRLM65塗装を続け、それはFi103にも及んだ。その結果、V-1にはあまり目立った変化もなかった。戦後に残っていた実機の上部大半にはRLM71ダークグリーンまたはそれに似たRLM71ダークグリーンが使用されていた。

B:「ダイヴァー」迎撃！ ロンドン 1944年8月

これはRAFのテンペストがドゥードルバグを攻撃している場面である。迎撃戦闘機が弾薬を撃ち尽くした場合、パイロットが自機の翼端をドゥードルバグの翼の下の位置に置き、鋭くバンクした。そこで乱流が発生し、それによってV-1は翼を激しく跳ね上げられ、コントロールを失って墜落していった。このイラストも、そのような戦いの場面を描いている。

C: Fi103A-1 第155（W）対空砲連隊 1944年夏

1944年の夏に発射されたFZG-76は乱雑な斑点塗装が多かった。安価な使い捨て兵器の塗装には細かい注意が払われていなかったためである。それに加えて、ミサイルはいくつかの工場で製造された部材で組み立てられるので、部分ごとのカモフラージュのパターンがうまく合わなかった。基本的な塗装は機体全体にわたるRLM65 ライトブルーであり、その上にRLMダークグリーンの不規則な斑点がスプレーされた。主翼と尾翼の上面と、胴体とエンジンの背部の斑点スプレーは密度が濃かった。このイラストの例のように、弾頭部の左右の側面に赤い「X」が描かれているのは、このミサイルにはトリアレン高爆発力火薬が装填されていることの表示である。

D: Fi103A-1 第155（W）対空砲連隊 1944年

28～29頁のイラストを参照。

E: Fi103Re.4 ライヘンベルク　ドイツ　ダンネンベルク附近のカールヴィッツ弾薬デポ　1945年

　図版A3に示されたライヘンベルク複座練習機の場合と同じく、ライヘンベルクは理論通りに大戦後期のRLM規定の塗料、RLM65ライトブルーとRLM83ダークグリーンで塗装されていた。このイラストはライヘンベルクの標準的な例を示しており、このミサイルが1945年春に実戦に使用されていたとすれば、このような姿だったはずである。

F: 北海上空での「ヘルハウンド」発射　1944年10月

　これはFi103A-1が北海上空でKG3のHe111H-22から発射された場面である。ミサイルは通常、少なくとも460mの高度で母機を離れた。投下後、加速が進んで巡航速度に達するまでに60～70m高度が下がるからである。母機は投下後ただちに転舵し、投下地点から離脱していた。発射時のミサイルの火炎は遠距離からも視認され、モスキート夜戦に発見されるという望ましくない結果を招く可能性があったからである。

G: 16Khプリボイ　ソヴィエト空軍　1951年

　ソヴィエト空軍は1950年にジェット機の塗装を止

め、アルミニウム地肌のままにする方針に変えたが、このプリボイのような空対地ミサイルは1940年代の標準、機体全体にわたるAMT-11グレイブルー塗装が残された。しかし、これはテスト用ミサイルであるので、エンジンは塗装なし、鋼地肌のままだった。

左頁上●発射されて間もなく墜落したV-1は数多く、ここに写っているのもフランスの田舎に墜落した1基である。フランスのレジスタンス組織の兵士が調べている。胴体は中央燃料タンクの後方で折れ、圧縮空気ボトル2基の内の1基が破口から半ば転げ出ている。(NARA)

左頁下●1944年9月2日、フランス北西部、プロミオン附近で米軍部隊が発見したV-1の墜落残骸。場所はI./FR155Wが発射陣地多数を展開し、直前まで発射を続けていた地域内である。ドイツ軍は墜落したミサイルを「キーゼルシュタイネ」(砂利石)というコード名で呼び、特別チームを派遣して不発の弾頭を処理していた。この残骸でも弾頭はなくなっている。(NARA)

上●ダンネンベルクで発見されたFi103Re.4ライヘンベルクの内の1機のコクピット。操縦装置と計器はきわめて基本的なものに限られている。(NARA)

下●ダンネンベルクでは少数の未完成状態のFi103Re.3複座練習機も発見された。(NARA)

◎訳者紹介 | 手島 尚（てしまたかし）

1934年沖縄県南大東島生まれ。1957年、慶應義塾大学経済学部卒業後、日本航空に入社。1994年に退職。1960年代から航空関係の記事を執筆し、翻訳も手がける。訳書に『ドイツ空軍戦記』『最後のドイツ空軍』『西部戦線の独空軍』（以上朝日ソノラマ刊）、『ボーイング747を創った男たち』（講談社刊）、『クリムゾンスカイ』（光人社刊）、『ユンカース Ju87 シュトゥーカ 1937-1941 急降下爆撃航空団の戦歴』『第2戦闘航空団リヒトホーフェン』『V-2弾道ミサイル 1942-1952』（小社刊）などがある。

オスプレイ・ミリタリー・シリーズ
世界の戦車イラストレイテッド 34

V-1飛行爆弾 1942-1952

発行日	2005年8月11日 初版第1刷
著者	スティーヴン・ザロガ
訳者	手島 尚
発行者	小川光二
発行所	株式会社大日本絵画 〒101-0054 東京都千代田区神田錦町1丁目7番地 電話：03-3294-7861 http：//www.kaiga.co.jp
編集	株式会社アートボックス http：//www.modelkasten.com/
装幀・デザイン	関口八重子
印刷/製本	大日本印刷株式会社

©2005 Osprey Publishing Limited
Printed in Japan
ISBN4-499-22893-X C0076

V-1 Flying Bomb 1942-52
Hitler's infamous "doodlebug"
Steven J Zaloga

First Published In Great Britain in 2005,
by Osprey Publishing Ltd, Elms Court,
Chapel Way, Botley Oxford, OX2 9LP
All Rights Reserved.
Japanese language translation
©2005 Dainippon Kaiga Co., Ltd

Author's note
The author is indebted for the help of many people who assisted on this project. Special thanks to Dr Jack Atwater and Alan Killinger of the US Army Ordnance Museum at Aberdeen Proving Ground for help in inspecting their Fi-103. Thanks also go to Dana Bell of the National Air and Space Museum, Stephen Walton of the Imperial War Museum, Art Loder, and T. Desautels.